Wußing · Adam Ries

D1672044

1 Adam Ries (1492–1559)

Biographien
hervorragender Naturwissenschaftler,
Techniker und Mediziner   Band 95

Adam Ries

Prof. Dr. sc. nat. Hans Wußing, Leipzig

Mit 33 Abbildungen

LEIPZIG

BSB B. G. Teubner Verlagsgesellschaft · 1989

Herausgegeben von
D. Goetz (Potsdam), I. Jahn (Berlin), H. Remane (Halle),
E. Wächtler (Freiberg), H. Wußing (Leipzig)
Verantwortlicher Herausgeber: E. Wächtler

Wußing, Hans:
Adam Ries / Hans Wußing. – 1. Aufl. –
Leipzig : BSB Teubner, 1989. – 114 S. : 33 Abb.
(Biographien hervorragender Naturwissenschaftler,
Techniker und Mediziner ; 95)
NE : GT

ISBN 3-322-00687-5

ISSN 0232-3516
© BSB B. G. Teubner Verlagsgesellschaft, Leipzig, 1989
1. Auflage
VLN 294-375/57/89 · LSV 1008
Lektor: Hella Müller
Printed in the German Democratic Republic
Gesamtherstellung: INTERDRUCK Graphischer Großbetrieb Leipzig,
Betrieb der ausgezeichneten Qualitätsarbeit, III/18/97
Bestell-Nr. 666 520 0

00680

Widmung

Dieses Büchlein über den bedeutenden Rechenmeister und Cossisten Adam Ries sei den verdienstvollen Ries-Forschern Bruno Berlet (†), Fritz Deubner (†), Hildegard Deubner (†), Willy Roch (†), Walter Schellhas und Kurt Vogel (†) gewidmet. In unermüdlicher Arbeit haben sie Leben und Werk von Adam Ries erforscht, sein Lebensbild gezeichnet und seine Leistung popularisiert. Getreu der Losung von Adam Ries haben sie viel Fleiß darauf verwandt, „etwas dem gemeynen mann nutzlich in trugk zu geben". So erfüllten sie sein Vermächtnis.

Frühjahr 1988   Hans Wußing

Inhalt

Einleitung   7

Lebensstationen   11

Traditionen   30

Die Rechenbücher   57

Studien zur Coß   80

Öffentliche Ämter   97

Ausklang   102

Chronologie   105

Literatur   106

Personenregister   112

Einleitung

Es gibt historische Zufälle, die symbolhaften Charakter tragen. Im Jahre 1492 wurden am Fuße des erzgebirgischen Schreckensteins reiche Silbervorkommen entdeckt. Tausende von Menschen strömten auf das neuerliche „Berggeschrei" in diese Gegend. Die Silbergräbersiedlung erhielt schon vier Jahre danach das Stadtrecht und wurde bald darauf in „Sanct Annaberg" umbenannt. Die heilige Johanna galt als Schutzpatronin der Bergleute.

Im selben Jahre 1492 wurde Adam Ries geboren. Nach Jugend und Wanderjahren ließ er sich in jener Stadt Annaberg nieder, die, genau so alt wie er, zu einem Zentrum des europäischen Frühkapitalismus werden sollte und zugleich den Ruhm beanspruchen kann, die hauptsächliche Wirkungsstätte des „Rechenmeisters des deutschen Volkes" gewesen zu sein.

Und noch in einer anderen Weise ist das Jahr 1492 symbolträchtig. Der in spanischen Diensten stehende italienische Seefahrer Christoph Columbus betrat erstmals die Neue Welt, Amerika. Vervollkommnung und Verbreitung neuer, moderner Rechenmethoden, an denen Adam Ries maßgeblich beteiligt war, und die überaus rasche Ausdehnung des Weltmarktes im Gefolge der großen geographischen Entdeckungen des 16. Jahrhunderts stellen nur verschiedene Aspekte eines durchgreifenden historischen Umbruchs dar, der bei einer raschen Entwicklung der Produktivkräfte zur Entfaltung des Frühkapitalismus in Europa führte.

Es war alles andere als eine friedliche Zeit, in der Adam Ries gelebt und gewirkt hat. Die Geburt der neuen Gesellschaft vollzog sich in Kriegen und Revolutionen, in schweren geistigen Auseinandersetzungen, bei tiefen sozialen Widersprüchen. Im Schoße der sich zersetzenden europäischen Feudalgesellschaft begann sich eine neue Klasse, das Bürgertum, zu formieren. Nach bedeutenden ökonomischen Erfolgen griff sie nun auch zur politischen Macht; zur Mitte des 16. Jahrhunderts, am Ende des Lebens von Adam Ries, siegte in den Niederlanden zum erstenmal eine frühbürgerliche Revolution.

Adam Ries sah und erlebte in seiner unmittelbaren Umgebung die Fehden der Feudalherren untereinander, die Erhebungen der Stadtbewohner und der Bauern, die Streiks der Bergleute. Er war Zeitgenosse des Großen Deutschen Bauernkrieges, der Reformation und der religiösen Auseinandersetzungen zwischen Katholiken und Protestanten.

Das äußere Bild der neuen Gesellschaft wurde nicht zuletzt geprägt von einem glanzvollen Aufschwung des Handwerks und der Gewerbe, vom Aufblühen der Städte, von der Entfaltung der Künste und der Wissenschaft. Kirchen und Rathäuser der Renaissancezeit ebenso wie die Schöpfungen der darstellenden Kunst entzücken und begeistern uns noch heute.

Ein Blick auf einige Zeitgenossen von Adam Ries zeigt, in welchem Maße damals auch im Bereich der Wissenschaften durchgreifende Änderungen, hin zu einer modernen Wissenschaft, eingeleitet wurden. Als Adam Ries geboren wurde, war Nicolaus Copernicus 19 Jahre alt und studierte an der hochberühmten Universität Krakow. Noch zu Lebzeiten von Adam Ries, 1543, erschien das epochemachende Werk des Copernicus „De revolutionibus orbium coelestium" (etwa: Über die Umläufe der Himmelskörper), mit dem die revolutionäre Wende in der Astronomie vollzogen und das heliozentrische Weltbild aufgestellt wurde. Im selben Jahre 1543 begründete der Niederländer Andreas Vesalius in einem wunderbar mit Holzschnitten illustrierten Werk „De humani corporis fabrica" (Über den Bau des menschlichen Körpers) die wissenschaftliche Anatomie. Ein Jahr nach Adam Ries wurde in der Schweiz Paracelsus geboren, der sich, obwohl noch befangen in mystisch-abergläubischen Vorstellungen seiner Zeit, in Konfrontation zu den Medizinern an den Hohen Schulen bemühte, der Medizin eine auf Beobachtung und Experiment beruhende neue Grundlage zu geben, der chemische Präparate als Medikamente einsetzte und der Alchimie eine neue, eine rationale theoretische Basis zu geben versuchte.

Leonardo da Vinci war 40, Albrecht Dürer 14 Jahre alt, als Ries geboren wurde. Über ihre großartigen Leistungen in der bildenden Kunst hinaus, die unvergänglicher Bestandteil der Weltkultur sind, standen sie in enger, aktiver Beziehung zur Mathematik und zur sich entfaltenden Ingenieurkunst.

Auch in der näheren Umgebung von Adam Ries, im Erzgebirge,

lebte und wirkte ein Zeitgenosse, der zu einem der großen Anreger wissenschaftlich-technischen Fortschritts wurde, der Arzt und Humanist Georg Agricola. Im Jahre 1556 erschien das prachtvoll ausgestattete Werk „De re metallica", das, auf jahrzehntelangen Studien und enger Beziehung zur Praxis beruhend, in meisterhafter Weise den Bergbau wissenschaftlich beschrieb. Die vielen dort enthaltenen Holzschnitte geben uns noch heute eine äußerst anschauliche Vorstellung der Arbeitsbedingungen in den Zentren des Bergbaus während der Mitte des 16. Jahrhunderts und berühren damit einen großen Tätigkeitsbereich unseres Adam Ries.

Adam Ries ordnet sich hinsichtlich seiner Leistungen als Popularisator des Rechnens, als Cossist und als Bergbaubeamter nach Bedeutung und Folgewirkung in die Reihe der hervorragenden Persönlichkeiten der Renaissancekultur des deutschen Sprachraumes ein. Die Erinnerung an Adam Ries als Rechenmeister hat sich im Bewußtsein der Menschen erhalten. So rufen wir Adam Ries und seine Rechenbücher als Kronzeugen für die Richtigkeit einer Berechnung mit den Worten: „das macht nach Adam Ries …".

Ganz entsprechend berufen sich die Franzosen auf einen ihrer Rechenmeister mit dem Zitat: „… d'après Barrême".

Dennoch: Obwohl Adam Ries geradezu sprichwörtlich berühmt ist, so ist doch relativ wenig über ihn und sein Wirken in der Allgemeinheit bekannt. Diesem merkwürdigen Mißverhältnis zu begegnen ist das Hauptanliegen dieses Bändchens. Darüberhinaus hat der Autor versucht, Adam Ries und seine mathematischen Leistungen in größere, allgemeine Zusammenhänge einzuordnen, um auf diesem historischen Hintergrund unseren Helden desto deutlicher hervortreten zu lassen.

Der Autor hat sich in vielfältiger Weise auf freundliche Hilfe stützen dürfen, in der vertrauensvollen Zusammenarbeit mit den Herren Jörg Nicklaus und Peter Rochhaus vom Erzgebirgsmuseum in Annaberg-Buchholz, in der intensiven Beratung durch Frau Hella Müller von der BSB Teubner Verlagsgesellschaft bei der Gestaltung dieses Bändchens der Teubner-Biographien-Reihe, bei der kritischen Beratung und der Beschaffung von Quellenmaterial durch Prof. Dr. Menso Folkerts (München) und insbesondere durch Prof. Dr. Wolfgang Kaunzner (Regensburg), der seit Jahrzehnten zur Frühgeschichte der Deutschen Coß forschend und publizierend hervorgetreten ist. Ein herzlicher Dank für Ergänzungen und Anregungen gilt ferner den Herren Prof. Dr. Karl Czok (Leipzig), Prof. Dr. Karl Manteuffel (Magdeburg) und Prof. Dr. Eberhard Wächtler (Freiberg).

Ihnen und vielen anderen Mitstreitern zugunsten von Adam Ries sei herzlich gedankt.

H. Wußing

Lebensstationen

Das Leben des Adam Ries ist leider nur in großen Umrissen bekannt. Viele biographische Daten, ein gutes Teil der Beweggründe seines Handelns, Einzelheiten seines Wirkens konnten nicht aufgeklärt werden, trotz intensiver Forschung. In der Hauptsache ist es einer Gruppe begeisterter Heimatforscher zu danken – schrittmachend hat im 19. Jahrhundert der Annaberger Gymnasialprofessor Bruno Berlet gewirkt –, denen es gelungen ist, in uneigennütziger mühseliger Kleinarbeit den erhalten gebliebenen Quellen ein Maximum an gesicherten biographischen Angaben abzuringen. In neuerer Zeit haben sich insbesondere Fritz und Hildegard Deubner, Walter Schellhas und Willy Roch um die Adam-Ries-Forschung und die Erhellung seiner Lebensumstände verdient gemacht und ihre Ergebnisse in Biographien niedergelegt ([57], [33], [31]). Diese Biographien enthalten viele Einzelheiten, für die hier in diesem kleinen Büchlein kein Platz ist. So erfährt man über die Vorfahren von Adam Ries und seiner Frau, über die Kinder und Kindeskinder, über Einkommen, Erbschaften, Besitzverhältnisse, über Bekannte, und findet dort auch Hinweise auf noch erhaltene Urkunden. Trotz aller Anstrengungen der Adam-Ries-Forscher ist manche wichtige Frage dennoch ungelöst geblieben, da Urkunden fehlen oder verloren gegangen sind.

Die offenen Fragen beginnen bereits mit dem genauen Datum der Geburt von Adam Ries. Das Jahr steht fest, 1492, – aber alle angeblich präziseren Angaben (u. a. 12. April, 30. Juni, 5. Juli, 24. Dezember) haben sich letztlich nicht beweisen lassen.

Als Geburtsort gibt Ries selbst die fränkische Stadt Staffelstein an, gemäß der Sitte der Zeit auf den Titelblättern einiger seiner Bücher. So findet sich im Titel eines seiner Rechenbücher (aus dem Jahre 1518) der Zusatz „Gemacht durch Adam Ries vonn Staffelsteyn".

Vom Vater Conntz Ries weiß man, aus Quellen im Staatsarchiv Bamberg, daß er Häuser, eine Mühle und einen Weinberg besaß und zweimal verheiratet war. Unser Adam Ries entstammt der zweiten Ehe des Conntz Ries mit einer gewissen Eva, deren Mädchenname möglicherweise Kittler (oder Kittle) war. Adam hatte zwei Halbbrüder und eine Halbschwester aus der ersten Ehe seines Vaters sowie drei Vollschwestern und einen Bruder, Conrad. Der Vater starb vermutlich 1506, die Mutter Eva nicht lange nach ihrem Sohn Adam.

Eine Reihe von historiographischen Merkwürdigkeiten begleitet schon die elementaren biographischen Daten – Geburtsjahr, Geburtsort – über Adam Ries.

Noch in einigen Nachschlagwerken aus der Mitte des 19. Jahrhunderts findet sich die immer wieder falsch aus früheren Arbeiten abgeschriebene Angabe, Adam Ries sei 1489 geboren worden. Dabei hätte von allem Anfang gleich das richtige Geburtsjahr benannt werden können: Auf einem 1550 erschienen Werk von Ries, der „Rechenung nach der lenge ...", findet sich das (einzige) Porträt von Adam Ries, und in der kreisförmigen Umrandung des Brustbildes kann man lesen: „1550 ADAM RIES SEINES ALTERS IM LVIII". (s. Abb. 21). Also war Ries im Jahre 1550 achtundfünfzig Jahre alt.

Noch unglaubhafter fast wirken die Ungereimtheiten um die Bestimmung des richtigen Geburtsortes von Adam Ries. Lange Zeit, noch bis weit ins 18. Jahrhundert, galt die von Ries 1518 selbst abgegebene Herkunftsbestimmung „vonn Staffelsteyn" als ein Titel nach Art eines Adelsprädikates. Auch sein Hauptwirkungsort Annaberg wurde verschiedentlich zum Geburtsort erklärt.

Der wirkliche Sachverhalt wurde wohl zuerst durch einen gewissen Josef Heller im Jahre 1847 bekanntgemacht, doch erst durch die energischen Bemühungen von B. Berlet nach 1855 ins allgemeine Bewußtsein gehoben. Die Stadt Staffelstein, so berichtet die Geschichte, war einigermaßen überrascht und hat daraufhin 1875 durch das Anbringen einer Gedenktafel am Rathaus ihren berühmten Sohn offiziell gewürdigt.

Nur wenige sichere Kenntnisse besitzt man über Kindheit und Jugend von Adam Ries; der Brand des Staffelsteiner Rathauses von 1684 hat mögliche Unterlagen vernichtet. Soweit Quellen erhalten sind, z.B. über die Verteilung des Erbgutes nach dem Tode seines Vaters an die Witwe und die Kinder aus erster und zweiter Ehe, belegen sie, daß Ries aus einer wohlhabenden Familie stammte.

2 Die zweite, 1959 am
Rathaus von Staffelstein
angebrachte Gedenktafel
für Adam Ries
(Foto Bornschlegel)

Über den Schulbesuch von Adam Ries ist nichts Sicheres bekannt.
Wir wissen nur aus seiner späteren wissenschaftlichen Tätigkeit,
daß er Latein, die damalige Sprache der Gelehrten, verstand. Es
ist aber nicht erwiesen, daß Staffelstein in der fraglichen Zeit
überhaupt eine Lateinschule, also eine über die Elementarschule
hinausführende, besessen hat. Denkbar wäre natürlich, daß Adam
Ries bei einem Geistlichen eine Art Privatunterricht in Latein erhalten hat.
Wann und unter welchen Umständen Adam das Elternhaus verlassen hat, ob er wirklich, wie Erzählungen wissen wollten, wäh-

rend einer Handelsmesse in Frankfurt am Main mit seiner Rechenfertigkeit Aufsehen erregt und im Dienst von Kaufleuten gestanden hat, ob er tatsächlich im erzgebirgischen Eibenstock als Karrenjunge unter Tage erzgefüllte Hunte geschoben hat – dies alles wird sich nicht mehr aufklären lassen.

Die nächste, aber verbürgte Nachricht über Adam Ries stammt aus dem Jahre 1509. Adam hielt sich in Zwickau auf, zusammen mit seinem Bruder Conrad, der dort die hochangesehene Lateinschule besuchte. Conrad starb vor 1517, noch als Schüler, in Zwickau, und Adam hielt sich 1517 in Staffelstein auf, um das ihm von seinem Bruder testamentarisch Hinterlassene einzufordern, freilich vergeblich.

In Zwickau lernte Adam Ries auch einen gewissen Thomas Meiner kennen, der später Ratsherr in Annaberg wurde. Zusammen haben sie dort mathematische Exempel gerechnet; eine von Meiner gestellte Aufgabe ist in das Rechenbuch des Adam Ries von 1550 eingegangen.

Aus einer Bemerkung des Adam Ries in seiner zweiten „Coß" hat man geschlossen, daß Ries bereits 1515 in Annaberg gewesen sei. Ries schreibt:

Hab die [Exempel, Wg] gerechent vnd durch die χ [Coß, Wg] volfurt In beisein Hansen Conrads anno 1515 so diese Zeit auff S Annabergk Probirer was [I, S. 453/454]

Genau genommen steht hier nur, daß Ries und Conrad gemeinsam gerechnet haben. Aber es steht nicht im Text, daß dies in Annaberg geschehen sei. Jedenfalls aber kann man mit Sicherheit davon ausgehen, daß Adam Ries schon als junger Mann mit dem erzgebirgischen Wirtschaftsleben, insbesondere dem Bergbau, in enge Beziehung gekommen ist.

Adam Ries blieb mit dem Annaberger Probierer Hans Conrad – ein „Probierer" hatte die Aufgabe, den Erzgehalt des Gesteins und die Zusammensetzung des Erzes zu bestimmen – bis zu dessen Tod verbunden, auch in wissenschaftlicher Hinsicht. Und da Ries bald darauf, zwischen 1518 und 1522, ein Büchlein unter dem Titel „Beschickung des Tiegels ...", eine Art Münzrechenbuch, verfaßt hat, darf man sogar schlußfolgern, daß Adam Ries das Erschmelzen der Metalle aus dem Erz, das Legieren der Metalle und das Prägen der Münzen beobachtet und studiert hat.

Es mögen diese nachhaltigen Zwickauer und Annaberger Eindrücke gewesen sein, die den schon im Rechnen erfahrenen und ausgewiesenen Adam Ries bestimmten, den Beruf eines Rechenmeisters zu ergreifen, der unter den Bedingungen des überaus raschen Aufschwunges der frühkapitalistischen Produktionsverhältnisse gute Aussichten haben mußte.

Trotz aller angestrengten Nachforschungen konnte nicht geklärt werden, ob und wo und wann Ries eine Ausbildung zum Rechenmeister erhalten hat. Im Grunde war es damals jedem möglich, eine Rechenschule zu eröffnen. Der Lehrer oder Leiter mußte nur erfolgreich im Vermitteln von Rechenkünsten sein, die er sich auch autodidaktisch erworben haben konnte.

Staatliche Prüfungen gab es nicht, zunftähnliche Einbindungen für Rechenmeister kaum. Bei Adam Ries liegt immerhin die Vermutung [33, S. 14/15] nahe, daß er in Zwickau mit dem damals angesehenen Rechenmeister Bartholomäus Otto in engeren Kontakt gekommen ist und dort vielleicht sogar als Gehilfe gearbeitet hat.

Der (mögliche) Zwischenaufenthalt in Annaberg dürfte noch in anderer Beziehung von höchster Bedeutung für den Lebensweg unseres Adam Ries geworden sein. Vermutlich dort hat er den nur wenig älteren Sohn Georg des sehr vermögenden Annaberger Fundgrübners Andreas Stortz (oder Sturtz oder Sturz) kennengelernt. Als Ries nun 1518 längeren Aufenthalt in der Handels- und Universitätsstadt Erfurt nahm, wurde ihm Georg Stortz zum Freund und zum Förderer beim Zugang zur Welt der Wissenschaft. Stortz hatte inzwischen das Studium der Medizin in Erfurt beendet und wurde 1523 sogar Rektor der Erfurter Universität, die damals eine führende Stellung einnahm und – anders als die konservative Universität Leipzig – eine bedeutende Heimstatt der Humanisten darstellte. Übrigens kehrte Dr. Stortz für einige Zeit, sogar mehrfach, in seine erzgebirgische Heimat zurück, war 1525 kurze Zeit Stadtphysikus in Annaberg und dann 1525 bis 1527 Stadtphysikus im jenseits des Erzgebirgskammes gelegenen St. Joachimsthal (heute Jáchymov), damit Vorgänger von Agricola in diesem Amte. 1528 kehrte Dr. Stortz nach Erfurt zurück. 1531 und 1536 hielt er sich wiederum im Erzgebirge auf. (Näheres [26, S. 27].)

Die Jahre in Erfurt haben Adam Ries gewiß in entscheidender

Weise geprägt. Von einem Suchenden wuchs er zu einem jungen Mann mit festen Ansichten, Berufszielen, mit Berufserfahrung und bereits weitreichender öffentlicher Anerkennung heran. Erfurt war damals auch ein außerordentlich lebendiges geistiges Zentrum, wenn es auch den Höhepunkt seiner Entwicklung bereits überschritten hatte. Leipzig begann, gestützt auf kaiserliche Privilegien, Erfurt als Handelsstadt den Rang abzulaufen. Aber noch gab es in Erfurt berühmte Druckereien, Erfurt stand in Handelsbeziehungen zu reichen Handelsstätten Süddeutschlands. Von Erfurt gingen die Aufsehen erregenden „Dunkelmännerbriefe" (Epistolae obscurorum virorum) aus, mit denen berühmte Humanisten, u. a. Ulrich von Hutten, die reaktionären, in Scholastik erstarrten Kölner Dominikaner der Lächerlichkeit preisgaben und ganz allgemein moderne, der Welt und der Wissenschaft zugewandte Denkhaltungen förderten.

Ries lernte in Erfurt auch Luthers Lehre kennen und hat sich wohl frühzeitig für die Reformation entschieden. Möglich wäre es sogar gewesen, daß er Luther persönlich kennengelernt hat, denn der mit Ries befreundete Dr. Georg Stortz war immerhin schon seit geraumer Zeit mit Luther bekannt und hat später ihn sowie unter anderem auch den anderen führenden deutschen Wittenberger Theologen, den Humanisten Philipp Melanchthon, ärztlich behandelt. Jedenfalls hat sich der ehemalige Erfurter Student und Augustinermönch Luther während der Zeit, als Ries in Erfurt arbeitete, mehrfach dort aufgehalten, so etwa 1521 auf der Reise nach Worms, und wurde dort begeistert von der Bevölkerung begrüßt.

Überhaupt: Dr. Georg Stortz. Die Begegnung mit ihm sollte sich für Adam Ries als entscheidend für die definitive Hinwendung zur wissenschaftlichen Arbeit erweisen. Dr. Stortz besaß neben anderen Häusern in Erfurt seit 1519 die noch heute erhaltene sog. „Engelsburg" in der Allerheiligenstraße, Nr. 20.

Durch Dr. Stortz und Eobanus Hessus, Führer des Erfurter Humanistenkreises und Professor für Poesie und Rhetorik, wurde die „Engelsburg" zur Bildungsstätte und zum Treffpunkt für vergnüglich-gebildete Geselligkeiten einer ganzen Schar junger Leute. Man stand im wissenschaftlichen Kontakt mit Reuchlin und Melanchthon, mit Erasmus und Luther, mit Pirckheimer und Peutinger. Der sehr wohlhabende Stortz hatte in der „Engelsburg" eine

3 Die sog. Engelsburg in Erfurt. Zustand 1988 (Foto W. Eccarius)

bedeutende und für die damalige Zeit recht umfangreiche Bücher-
sammlung zusammengebracht, in der sich auch zahlreiche Schriften mathematischen Inhalts befanden. [31, S. 29] Ries hat diese Bücherei reichlich benutzt; seine eigenen Bücher, insbesondere viele
der dort vorgerechneten Beispiele, belegen, daß er sich in der Literatur gut ausgekannt hat. Stortz soll ihn unter anderem sogar direkt auf besonders herausragende Veröffentlichungen aufmerksam gemacht haben.
Viele Ries-Forscher unterstellen, gestützt auf die für Dr. Stortz bestimmte Widmung der „Coß" von 1524 als sicher, daß Dr. Stortz
Ries nahegelegt hat, sich in Nürnberg mit dem Betrieb in Rechenschulen vertraut zu machen. Ries spielt in der Widmung der

„Coß" zweimal auf Nürnberg an. Es heißt da:

Vber das habtt ir mir auch nicht verborgenn wie stilschweigent die Rechenmeister in Nurmbergk auch anderßwo zu ercleren ire exempel setzen
Welchen ich keynen glauben geben woltt / sonder hab es personlich ge-
ßenn vnd von iren schulernn glaubwirdig erfarnn Die zu zweyen Jaren ge-
lernt. [I, Seite 2]

Gegen Ende der Widmung spricht Ries direkt davon, daß Stortz
ihn, Ries, „alß dann Zu Nurmbergk geschichtt" [I, S. 4] habe.

Es kann als nahezu sicher gelten, [31], [33] daß Ries bereits in Erfurt, vermutlich 1522, selbst eine Rechenschule eröffnet hat. Ge-
naues ist nicht bekannt; die Stadt Erfurt besitzt keine Urkunden
über seine Tätigkeit in der Stadt. Aber noch in den zwanziger Jahren unseres Jahrhunderts soll [33, S. 17] in den Dörfern rings um
Erfurt, falls man mit irgendeiner Rechnung nicht zurecht kam, die
Redeweise gebraucht worden sein: „Geh zu Adam Riese in die
Drachengasse!" Dort soll sich seine Rechenschule befunden haben.

Eines aber ist ganz sicher: Dr. Stortz stand als Berater hinter den
von Adam Ries in Erfurt entfalteten Aktivitäten. Insbesondere hat
er Ries ständig gedrängt, selbst Rechenbücher zu schreiben, als
Mittel der Unterrichtung des Volkes. Auch Ries bezeugt es, in der
Widmung seiner (ungedruckt gebliebenen) Coß von 1524: Dort
heißt es:

Dem Achtparnn Hochgelartenn Ern Georgio stortznn Doctori der Ertzney
wonhafftig zw Erffurtt Entpeut (entbietet, Wg) Adam Rieß vom staffelstein Rechenmcistcr Hcyl vnd Gluck.
Achtpar Hochgelarter Her Nach dem eur achtparkeit offtt / vnd digk
(sehr, dringlich Wg) mich angeredtt / vleyß für zu wenden / etwas dem
gemeynen man nützlich in trugk zu gebenn, … [I, S. 1]

Adam Ries hat dem ständigen Drängen‘ von Dr. Stortz nachgege-
ben, dem gemeinen Mann, dem Volke, Nützliches in Druck zu
geben. Noch in Erfurt brachte Ries zwei Rechenbücher zum
Druck. Das erste behandelte ausschließlich das Rechnen auf dem
Abacus, also das Rechnen mit Rechensteinen auf dem Rechentisch, und war 1518 vollendet; die erste Auflage erschien zwischen 1518 und 1522. Das zweite Rechenbuch stellte sowohl das
Rechnen auf dem Abacus als auch das Rechnen mit den indisch-
arabischen Ziffern dar; die erste Auflage erschien 1522.

Irgendwann um 1522/1523 hat Adam Ries Erfurt verlassen und ist nach Annaberg übersiedelt; der genaue Zeitpunkt der endgültigen Ansiedlung dort ist unbekannt. Man weiß lediglich, daß er noch 1522 in Erfurt war, aber bereits 1523 in Annaberg Privatunterricht in Mathematik erteilt hat. Die Niederschrift seiner bereits in Erfurt begonnenen „Coß" hat Ries in Annaberg vollendet. Die Widmung an Dr. Stortz ist datiert auf den Freitag nach Quasimodogeniti im Jahre 1524. Die zweite Auflage seines zweiten Rechenbuches erschien 1525 mit dem Zusatz „itzt uff sant Annabergk". Im selben Jahre 1525 hat Adam Ries eine gewisse Anna Lewber, Tochter eines Schlossermeisters aus dem sächsischen Freiberg, geheiratet, ein Haus in Annaberg erworben und den Eid als Bürger der Stadt geleistet.

Über die Motive seines Umzuges von Erfurt nach Annaberg gibt es keine authentischen Nachrichten, wohl aber viele einleuchtende Indizien.

Die rasch aufblühenden erzgebirgischen Bergstädte hatten weithin öffentlich bekannt gemacht, daß „Rechenherren" gesucht würden, Rechenmeister also, zur Vermittlung von Rechenkenntnissen, die in den auf Handel, Gewinn, Zins und Profit sich orientierenden frühkapitalistischen Städten in bisher unbekanntem Maße verlangt wurden.

Ein bereits erfolgreicher Rechenmeister wie Adam Ries konnte sich zu Recht gute Berufschancen in den neuen Bergstädten ausrechnen. Daß seine Wahl auf Annaberg fiel, mag damit zusammenhängen, daß er von der Stadt seit seinem dortigen Aufenthalt 1515 angetan war. Neben rasch aufblühender Wirtschaft hatte sie auch eine anregende geistige Atmosphäre zu bieten, trotz aller mit der Reformation und den Bauernunruhen auch in dieser Stadt einziehenden Auseinandersetzungen. Die Überlieferung will wissen [31, S. 37], daß Adam Ries auf Betreiben des Heinrich von Elterlein nach Annaberg gekommen sei, des Vaters der erfolgreichen frühkapitalistischen Unternehmerin Barbara Uthmann, die im Montanwesen und in der Spitzenklöppelei eine einflußreiche Stellung in Annaberg einnahm. Allein in der Klöppelei sollen für Barbara Uthmann nahezu 1 000 Arbeiterinnen beschäftigt gewesen sein.

Wie dem auch sei, es steht jedenfalls fest, daß Ries mit dieser Familie in persönlichem Kontakt gestanden hat; er selbst berichtet,

4 Wohnhaus des Adam Ries in der Johannisgasse, wo auch seine Rechenschule untergebracht war. Zustand nach Rekonstruktion 1984. Heute
Heimstätte des Adam-Ries-Museums (Foto Wußing)

daß er in Annaberg dem Bruder der Barbara, Hans von Elterlein,
im Jahre 1523 Rechenunterricht erteilt hat.

Adam Ries und Annaberg, der Name des Mannes und der Name
seiner Hauptwirkungsstätte, bilden eine unauflösliche Einheit.
Wir sollten uns daher mit dem historischen Umfeld von Annaberg
näher vertraut machen und auch von dieser Seite her einen Zugang zum Verständnis der Leistung von Adam Ries eröffnen.

Der Aufstieg des Fürstengeschlechtes der Wettiner begann im
12. Jahrhundert. Nach der Verleihung (1089) der Mark Meißen
mit der reichen Stadt Freiberg, dem Erwerb des Pleißenlandes,
Thüringens und des Gebietes der Askanier verfügten die Wet-

tiner über ein beträchtliches Territorium; 1423 erlangten sie die Kurwürde.

Macht, Einfluß und ökonomische Stärke Kursachsens beruhten ganz wesentlich auf dem erzgebirgischen Silberbergbau. Das Dörfchen Christiansdorf erhielt um 1186 Stadtrecht und hieß nun Freiberg; jedermann war das Schürfen gestattet. Die „Bergfreiheit" erwies sich als ein Mittel zur stürmischen Entwicklung der Produktivkräfte. Menschen strömten herbei, Freiberg wuchs schon im 13.Jh. zu einem wirtschaftlichen und kulturellen Zentrum heran. Die Handelsbeziehungen reichten bis Flandern und Prag, nach Italien, Süddeutschland, Hamburg, Leipzig. Der Landesherr erhielt den „Zehnten" der Silberausbeute und schöpfte aus dem Silberbergbau weitere Einnahmen ab, aus eigenem Bergbaubesitz und Grubenanteilen, aus dem Münzrecht.

Im ausgehenden 15.Jahrhundert entstand im Westerzgebirge ein neues Bergbauzentrum, das für einige Jahrzehnte die führende Position innehatte. Um 1470 wurden reiche Silberfunde im Schneeberger Gebiet gemacht. Schneeberg erhielt 1479 Stadtrecht. 1492 wurde man im Gebiet am Schreckenstein fündig. Dort entstand Annaberg.

Der Kurfürst Friedrich von Sachsen war 1464 gestorben. Zwischen den beiden Söhnen Ernst und Albrecht kam es zu tiefgehenden Streitigkeiten um das Erbe. Erst die im Sommer 1485 in Leipzig beschlossene Aufteilung Kursachsens zwischen den Brüdern brachte juristische Klarheit. Ernst erhielt das Gebiet um Wittenberg, große Teile Thüringens, das Muldengebiet um Düben und Colditz, das Vogtland und die Kurwürde; Albrecht dagegen die Mark Meißen, Leipzig und Teile Nordthüringens. Die Bergstädte Schneeberg und Neustädtel waren (zunächst) gemeinsamer Besitz. Die Ländereien waren absichtlich in dieser Weise ineinander geschoben und miteinander geographisch verflochten worden, um die Einheit trotz der Teilung wenigstens in ökonomischer Hinsicht aufrechtzuerhalten. Seit der Teilung von Leipzig spricht man von einer ernestinischen und einer albertinischen Linie der Wettiner. Die bereits seit 1409 bestehende Universität Leipzig gehörte zu den albertinischen Landen.

Da den ernestinischen Besitzungen eine Universität fehlte, wurde 1502 durch Kurfürst Friedrich den Weisen in seiner Residenzstadt Wittenberg eine neue, natürlich noch katholisch geprägte

Universität gegründet. Friedrich hatte nach anfänglichem Zögern in seiner Haltung zu Luthers reformatorischen Bestrebungen schließlich dem mit Reichsacht belegten Luther 1521/22 auf der auf seinem Territorium gelegenen Wartburg Unterschlupf gewährt. Friedrichs Bruder dagegen, Herzog Georg, der Bärtige, gehörte zu den schärfsten Gegnern Luthers; das hatte sich bereits bei der Vorladung Luthers vor den Reichstag zu Worms (1521) gezeigt, wo Herzog Georg Mitglied des Untersuchungsausschusses war.

Die Universität Wittenberg wurde wenig später mit Luther und Melanchthon zum wissenschaftlich-geistigen Zentrum der Reformation. Friedrichs Bruder und Nachfolger, Johann, war wesentlich an der Niederschlagung der durch Not und Ausbeutung zum Aufstand getriebenen Bauern beteiligt. Zusammen mit dem Landgrafen Philipp von Hessen schlug er am 15. Mai 1525 bei Frankenhausen das Bauernheer und rechnete blutig und grausam ab. Der Reformator Thomas Müntzer, der sich – anders als Luther – den revolutionären Bauern angeschlossen hatte – wurde am 27.5.1525 hingerichtet.

Während die ernestinische Linie bei weiteren Erbteilungen und damit verbundener Zersplitterung an politischem Einfluß verlor, betrieb die albertinische Linie zielstrebig Innen- und Außenpolitik, insbesondere unter Herzog Georg. Georg widersetzte sich mit drakonischen Strafen der Reformation in seinem Gebiet, war ebenfalls ein erbitterter Gegner Thomas Müntzers, unterstützte aber zugleich die Bestrebungen, den Humanismus auch an der Leipziger Universität zu etablieren. Auf sein Betreiben hin wurde z. B. der bedeutende Humanist Petrus Mosellanus nach Leipzig berufen.

Herzog Georg förderte den Bergbau, nicht zuletzt im ureigensten ökonomischen Interesse. Georg, der als ausgezeichneter Verwaltungsfachmann im Sinne der frühmerkantilistischen, zum Absolutismus tendierenden Staatsmacht einzuschätzen ist, forcierte die technische Vervollkommnung des Bergbaus und erzwang durchgreifende organisatorische Umgestaltungen. Er selbst setzte schon 1496 eine Kommission ein, die über die Gründung einer Stadt in der Nähe der jüngst entdeckten reichen Silbervorkommen am erzgebirgischen Schreckenstein beraten sollte. Es ist dies der Beginn der Gründungsgeschichte von Annaberg. Aus der ungeordneten

Bergsiedlung, in der es gewiß nicht immer ruhig zuging, wurde eine „Neustadt". Sie erhielt Ende 1500 den Namen „Sanct Annaberg", eine Namensgebung, die Anfang 1501 vom damaligen deutschen Kaiser Maximilian I. gebilligt wurde.

Den Vorsitz jener Kommission zur Stadtgründung hatte der aus dem Württembergischen stammende Ulrich Rülein von Calw (Kalbe) inne, Doktor der Medizin, Absolvent der Leipziger Universität, Doktor auch der Freien Künste. Damit verfügte Rülein über einige praktische Kenntnisse im Vermessungswesen, in Mathematik, in Astronomie. Durch Rülein, im Auftrage des Herzogs, wurde Annaberg am Fuße des Pöhlbergs planmäßig angelegt, nachdem das Gelände sorgfältig vermessen und die Wasserversorgung gesichert worden war. Straßenführung, Standort der Kirchen, der Marktplatz wurden projektiert; Annaberg bildete – noch heute kann man es empfinden – einen Glanzpunkt der Städteplanung unter Herzog Georg. Das nahe gelegene Buchholz dagegen, unter ernestinischer Herrschaft, wucherte wild weiter, nahm städtebaulich eine anorganische Entwicklung und besaß z. B. keinen Marktplatz.

Übrigens hat sich Ulrich Rülein auch weiterhin hervorragende

5 Stadtansicht von Annaberg, frühes 16. Jahrhundert. Die Annenkirche ist deutlich erkennbar (Quelle: Adam-Ries-Haus, Annaberg-Buchholz)

Verdienste erworben als Stadtarzt von Freiberg (seit 1497), später als Bürgermeister und als Verfasser des ersten deutschsprachigen Büchleins (1500) über den Bergbau, mit dem er am Beginn der Montanwissenschaften steht.

Annaberg nahm eine rasante Entwicklung. Um 1515 dürften ca. 8 000 Menschen in ihren Mauern gewohnt haben [31], unter ihnen etwa 2 000 Bergleute, die in und auf den Gruben arbeiteten. Hinsichtlich der Einwohnerzahl übertraf die Neugründung nach einem reichlichen Jahrzehnt schon die Städte Leipzig und Dresden. Überdies wurde nach den Silberfunden von 1501 die nahe Annaberg gelegene Siedlung „St. Katharinenberg im Buchholz" gegründet. Sie hieß später nur noch „Buchholz". (Heute bildet Annaberg-Buchholz eine kommunale Einheit.) Auch auf der böhmischen Seite des Erzgebirges strömten die Menschen zusammen; die Bergstadt St. Joachimsthal (heute Jáchymov) war für geraume Zeit nach Prag zweitgrößte Stadt des Königreiches Böhmen.

Die Stadt Annaberg und die Fundgrübner (Besitzer fündig gewordener Gruben) wurden reich. Die Handelsverbindungen reichten weit bis nach Italien und Süddeutschland, nach Frankfurt, Leipzig, Köln, nach Böhmen. Die großen Bankhäuser aus Augsburg und Nürnberg liehen Kapital und zogen Profit aus dem Handel, insbesondere aus dem mit dem Münzmetall Silber und dem Kupfer.

Auch die kulturelle Entwicklung in Annaberg wies auf Reichtum und Weltoffenheit hin. Das Schulwesen wurde rasch ausgebaut; schon 1498 wurde eine städtische Lateinschule gegründet. Daneben gab es bald schon sechs „deutsche Schulen" (für Knaben) und eine Mädchenschule, eine Privatschule und schließlich die Rechenschule unseres Adam Ries. In Annaberg entstand eine großartige Kirche, die Annenkirche; dort befindet sich noch heute der sog. Bergaltar des spätgotischen Malers Hans Hesse, der – eine Ausnahme – nicht vorwiegend religiöse Motive darstellt, sondern bis ins Detail die Arbeitsverhältnisse im Annaberger Revier zeigt, vom Schürfen und Zerkleinern des Erzes über die Verhüttung bis hin zum Münzschlagen.

Trotz des raschen ökonomischen und kulturellen Aufschwunges herrschte Spannung in der Stadt. Da war der krasse soziale Unterschied zwischen arm und reich, der 1525 bis zu streikähnlichen Situationen der Bergknappen führte. Da waren die mit Bauernkrieg

6 Mittelteil des Bergaltars in der Annenkirche in Annaberg-Buchholz von Hans Hesse. Nach 1521. Dargestellt ist eine Bergbaulandschaft. Eine Szene stellt die Auffindung des Erzes durch den Propheten Daniel dar (Quelle: Ingo Sandner: Hans Hesse. Dresden 1983.)

und Reformation verbundenen Beunruhigungen. Nach der Niederschlagung der Bauernaufstände ging Herzog Georg mit strengsten Strafen an Geld und Gut gegen Anhänger Luthers vor. Es gab Denunzianten, die beispielsweise jene Annaberger Bürger anzeigten, die nächtens heimlich zu Fuß zum evangelischen Gottesdienst ins benachbarte ernestinische und damit evangelische

Buchholz gingen. Erst nach dem Tode Georgs (1539) wurde mit dem Regierungsantritt von dessen Bruder Heinrich auch Annaberg evangelisch. Im Jahre 1541 übernahm Herzog Moritz, Heinrichs Sohn, die Regierung. Als Kaiser Karl V. den ernestinischen Kurfürsten Johann Friedrich (1547) in der Schlacht bei Mühlberg schlug und gefangensetzte, erwarb Moritz, der im Bunde mit dem Kaiser gewesen war, die Kurwürde. Sie ging damit von der ernestinischen auf die albertinische Linie der Wettiner über.

Wir sind der Geschichte vorausgeeilt. Es kann als sicher gelten, daß Adam Ries in Annaberg rasch Fuß gefaßt hat und bald als angesehener Bürger gelten konnte. Eine Annaberger Chronik aus dem Jahre 1658, die die Situation in der Bergstadt Annaberg für das Jahr 1532 beschreibt, enthält folgende Passage:

Es befinden sich viel gelehrte Leute alhier: Unter denen Adam Ries, ein fürtrefflicher Arithmetiker gewesen, so eine beruffene Schule gehabt. (Zitiert [57, S. 8]; gemeint ist G. Arnold: Chronicon Annaebergense continuatum, Annaebergae 1658, S. 167.)

Die Wendung „beruffene Schule" deutet darauf hin, daß Ries seine Rechenschule im Auftrage der Stadt Annaberg betrieben hat. Sein Amt als Rechenmeister gehört also zu jenen ausgebreiteten und vielfältigen Tätigkeiten, die Ries im öffentlichen Dienst ausgeübt hat. Die Riessche Schule befand sich in dem von ihm 1525 gekauften Haus in der Johannisgasse, das heute ein Adam-Ries-Museum enthält (s. Abb. 4).

Im Jahre 1539 erwarb Adam Ries aus dem Besitz einer Schwägerin das „Vorwerk bei Wiesa", ein kleines Gut, das im Volksmund später den Namen „Riesenburg" erhielt, verbunden mit der weitverbreiteten, aber unbewiesenen Behauptung, daß Ries dort beigesetzt worden sei. Die „Riesenburg", nahe bei Annaberg gelegen, umfaßte neben Wohngebäuden und Stallungen Äcker, Wiesen, Wälder und Fischteiche. Ries konnte die beträchtliche Kaufsumme von 1 200 rheinischen Gulden nur nach und nach aufbringen; die Kaufurkunde von 1539 und die Abzahlungsquittungen bis 1545 sind erhalten geblieben. Leider hat ein Blitzschlag am 17. August 1877 die Riesenburg in Flammen aufgehen lassen und dort vermutlich aufbewahrte Sachzeugen über und von Adam Ries zerstört.

Bereits in der Frühzeit seines Annaberger Aufenthaltes begann

Adam Ries öffentliche Ämter auszuüben; auch dies spricht deutlich für das rasch erworbene Ansehen. Schon 1524 – also als 32jähriger – wird er als sog. Rezeßschreiber am Bergamt Annaberg urkundlich erwähnt, war also ein herzoglicher Bergbeamter mit der Aufgabe, über Gewinnabführungen an die Eigentümer und den Landesherren, über Erträge, Schulden und Produktionskosten Buch zu führen. 1527 bis 1536 war Ries außerdem Rezeßschreiber in Marienberg. Da er diese Aufgaben zu voller Zufriedenheit gewissenhaft erfüllte, erwarb er sich – trotz seines lutherischen Glaubens – das Vertrauen des streng katholischen Landesherren, des Herzogs Georg, wurde 1532 zum „Gegenschreiber" in Annaberg und 1533 bis 1539 als „Zehnter" im Bergamt Geyer angestellt. (Über diese Tätigkeit von Adam Ries als „Bergmann von der Feder", als Bergbaubeamter, wird im Abschnitt „Öffentliche Ämter" berichtet.)

Gegen Anfang der 30er Jahre sehen wir Adam Ries also in engem gesellschaftlichem Kontakt zur vermögenden, sogar teilweise überaus reichen frühbürgerlichen Schicht von Kaufleuten, Bergeigentümern, Handelsherren und Unternehmern sowie feudalen Regierungskreisen, und dies trotz stadtbekannter demokratischer Gesinnung, die insbesondere die Nöte des Volkes, der Bauern zumal, zu erkennen vermochte. Davon zeugt auch die in dem Auftrage der Stadt Annaberg 1533 begonnene Ausarbeitung einer sog. Brotordnung, eine Berechnung von Getreidepreis, Mehlpreis, Brotgewicht und Brotpreis, die den jeweiligen Preisschwankungen Rechnung tragen und für die Käufer nachprüfbar sein sollten, damit er nicht vom Bäcker etwa übervorteilt werden konnte. Diese sog. „Brotordnung" wurde wegen ihrer Bemühungen um soziale Gerechtigkeit zu einem großen Erfolg und von anderen Städten übernommen, zumal sie geeignet erschien, die immer wieder wegen Teuerung und Not aufflammenden „Brotunruhen" einzudämmen.

Ähnliche Berechnungen stellte Ries im Auftrage Annaberger Unternehmer auch für die Weinpreise an. Unter dem Titel „Ein Gerecht Büchlein / auff den Schöffel / Eimer vnd Pfundtgewicht" überreichte Adam Ries das Ergebnis seiner mühsamen Berechnungen an den Rat der Stadt Annaberg.

Die Riesschen Tafeln zeichneten sich durch große Übersichtlichkeit aus, konnten von allen Nutzern – Ratspersonen, Bäckern,

Käufern – leicht überblickt und gehandhabt werden. Eine Druck-
legung mußte sich lohnen. Seine „Brotordnung", sein Taschen-
buch wurde daher 1536 in Leipzig gedruckt. Nähere Informationen dazu in [81].

Zwar konnten andere Städte wegen anderer Maßeinheiten für
Raum, Gewicht und Währung diese nicht direkt übernehmen.
Das Beispiel aber machte Schule, dem Prinzipe nach. Eine auf
Ries zurückgehende Brotordnung wurde 1539 in Joachimsthal
eingeführt. Ries selbst hat (mindestens) zweimal auf Einladung
durch den Rat der Stadt Zwickau ein Probebacken überwacht und
entsprechende Relationen zwischen Preis und Gewicht von Brot
ausgearbeitet.

Adam Ries ist in Annaberg unermüdlich tätig gewesen, als Leiter
einer Rechenschule, als beauftragter öffentlicher Rechner, als
Bergbaubeamter im städtischen und staatlichen Dienst, im Münzwesen, im Vermessungswesen. Unterdes stieg sein Ansehen weiter. Im Jahre 1539 erhielt er sogar den offiziellen Titel „Churfürst-
lich Sächsischer Hofarithmeticus" vom neuen Landesherrn, dem
lutherischen Kurfürsten Moritz.

Wir wissen heute aus den Quellen – wesentlich genauer als seine
Zeitgenossen, die von seinen tiefgreifenden mathematischen Absichten kaum erfahren haben dürften –, daß Ries sich ernsthaft
um die wissenschaftlich-theoretische Fundierung der Rechenkunst bemüht hat. Gegen Ende der 40er Jahre dürfte er die Niederschrift seiner zweiten „Coß" begonnen haben (vgl. Abschnitt
„Studien zur Coß"). Und schließlich erschien im Jahre 1550 das
sog. „Große Rechenbuch" des Adam Ries, sein umfangreichstes
und am stärksten theoretisch untermauertes Rechenbuch „Rechenung nach der lenge auf den Linihen und Feder ...". Es wurde,
wiederum drucktechnisch hervorragend gestaltet, in Leipzig gedruckt, und zwar mit einem (zeitlich begrenzten) Privileg des Kaisers, um den damals üblichen Raubdrucken – Nachdrucken ohne
Einverständnis des Verlegers und des Autors – zu begegnen. Das
Titelblatt zeigt das einzig bekannte Porträt von Adam Ries
(s. Abb. 21).

Einiges, leider nur Bruchstückhaftes, wissen wir vom Familienle-
ben des Adam Ries in Annaberg. Die Schwierigkeiten für quellen-
mäßig belegbare Angaben rühren auch daher, daß die Taufbücher
in Annaberg erst 1556, die Sterberegister sogar erst 1577 begin-

nen. Aus der Ehe mit Anna sind – soweit die Quellen Auskunft geben – zwischen 1525 und 1537/38 mindestens acht Kinder hervorgegangen bzw. bei der überaus hohen Kindersterblichkeit jener Zeit, am Leben geblieben: Adam der Jüngere (ältester Sohn, Lebensdaten unbekannt), Abraham (bedeutendster Sohn, 1533?–1604), Jacob (?–1604), Isaac (1537–1601), Paul (1536 oder 1538–1604), Eva (Lebensdaten unbekannt), Anna (Lebensdaten unbekannt) und Sibylla (Lebensdaten unbekannt). Zwischen 1543 und 1547 dürfte Adams Frau Anna gestorben sein. Auf dem Adam-Ries-Symposium in Annaberg-Buchholz, März 1984, hat W. Lorenz mit – wie mir scheint – zwingender Argumentation eine weitere Ries-Legende zerstört, die nämlich, daß Adam Ries um 1550 eine zweite Ehe, mit einer Adeligen, eingegangen sei. [71, S. 18–29]

Über den Lebensweg einiger Kinder sind Nachrichten überliefert. (Vgl. [37].) So trat Abraham die Nachfolge von Adam Ries dem Älteren in Annaberg an, und auch Isaac wurde Rechenmeister.

Über den Tod des Adam Ries gibt es – erstaunlicherweise – kein amtliches Dokument. Spätere Chronisten haben berichtet, daß er am 30. März 1559 gestorben sei. Auch ist völlig unbekannt, wo er bestattet worden ist. Falls er auf dem Friedhof in Annaberg seine letzte Ruhestätte gefunden hat, so könnte der eventuell gesetzte Grabstein während der Besetzung und Plünderung Annabergs durch die Schweden im Dreißigjährigen Krieg zerstört worden sein.

Traditionen

Adam Ries lesen macht Spaß, auch, wenn die alte deutsche Sprache und die alte Handschrift bzw. Druckschrift gelegentlich Mühe bereiten. Die Originallektüre liefert überdies wertvolle Angaben über die wissenschaftlichen Traditionen, in denen Ries stand: Vielfach zitiert er oder beschreibt er, welche Bücher er gelesen hat, welche Autoren er kennt, woher er Aufgaben übernommen hat – auch hierhin unterscheidet sich unser Adam Ries rühmenswert von vielen seiner Zeitgenossen.

Noch bis ins 13.Jh. hinein, bis in die Zeit des europäischen Hochmittelalters, hatte ein starkes Wissenschafts- und Kulturgefälle von Ost nach West geherrscht: Durch Berührung mit der Welt des Islam – im Nahen Osten, in Sizilien und Spanien – waren der christlich-lateinischen Welt Europas Errungenschaften anderer Kulturen zugeflossen wie etwa die Kenntnis der Papierherstellung, Wasserrad, Stahlgewinnung, hochentwickelte Webkunst, Windmühle, Waage und vermutlich das moderne Navigationshilfsmittel, der Kompaß. Teile der hochentwickelten Wissenschaft des Islams, die ihrerseits wesentliche Teile der antiken Wissenschaften und indisches Wissen in sich aufgenommen und weiterentwickelt hatten, waren so nach Europa gelangt. Gerade auch die Tradierung mathematischer Kenntnisse gehört in diesen großen kulturhistorischen Zusammenhang. Und hier wieder nimmt das Eindringen der indisch-arabischen Ziffern nach Europa eine herausragende Stellung ein.

Ursprung und Frühgeschichte des dezimalen Positionssystems mit zunächst 9 Ziffernzeichen sind noch weitgehend historisch unaufgeklärt, obgleich im allgemeinen angenommen wird, daß diese herausragende geistige Leistung indischen Ursprungs ist. Im 6.Jh. u. Z. war das dezimale Positionssystem in Indien schon weit verbreitet, seit dem 7.Jh. war auch ein Zeichen für die Null gebräuchlich (Punkt oder Ringlein). Das voll ausgebildete dezimale Positionssystem mit den indischen Ziffern drang relativ rasch nach Westen vor; bereits im Jahre 662 wurde es in Syrien als „über jedes Lob erhaben" rühmend erwähnt. Ein indischer Mathematiker führte sie 773 in Bagdad am Hof der arabischen Herrscher ein. Über die arabische Welt gelangte das indische Ziffernsystem nach Europa, vermochte aber da wie dort die traditionellen Schreibweisen für Zahlen – römische Zahlen, griechisches oder arabisches Alphabet, Wortbezeichnung – nur langsam zu verdrängen. Immerhin treten in einer spanischen Klosterhandschrift, die aus dem Jahre 976 stammt, bereits Ziffernzeichen für 1 bis 9 auf. [60], [40]

Der französische Geistliche Gerbert von Aurillac, der 999 unter dem Namen Sylvester II Papst wurde, dürfte im Jahre 967 bei einem Aufenthalt in Spanien die indisch-arabischen Ziffern kennengelernt haben. Gerbert hat einen besonderen Typ eines Abacus, ein Rechenbrett, beschrieben; gerechnet wurde mit Apices (Rechensteinen), die mit römischen oder indischen Ziffern beschriftet waren. Offenbar war das Rechnen auf dem Rechenbrett, das – in unterschiedlicher Form – bis auf die Antike zurückgeht und auch im Fernen Osten eine uralte Tradition besitzt – in Europa zu Gerberts Zeiten verbreitet.

Der muslimische Mathematiker Muhammed ibn Musa al-Chwarizmi vom Anfang des 9. Jhs., der einen erheblichen Einfluß auf die Entwicklung der Algebra erlangt hat, schrieb auch eine arith-

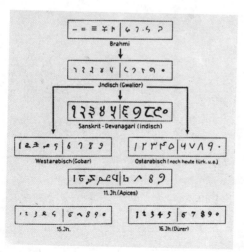

7 Schreibweise der indisch-arabischen Ziffern in ihrer historischen Entwicklung. Nach K. Menninger

31

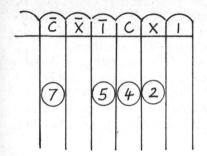

8 Rechenbrett des Gerbert von Aurillac, 10.Jh. Die Linien sind senkrecht. Verwendet werden Rechensteine, die indische Ziffern tragen (sog. Apices). Prinzipskizze. Aufgelegt ist die Zahl 705420. Nach K.Menninger

metische Abhandlung über das Rechnen mit indischen Ziffern, vermutlich die erste zusammenfassende Darstellung dieses Gegenstandes. Die Urfassung ist nicht bekannt. Jedoch existieren Bearbeitungen in lateinischer Sprache. Der älteste erhalten gebliebene Text einer Übersetzung, der zweifellos auf frühere Vorlagen zurückgeht, liegt in Cambridge in der Universitätsbibliothek und dürfte aus dem 13.Jh. stammen. Er beginnt mit den Worten „Dixit Algorizmi ..." (Al-Chwarizmi hat gesprochen). Von den durch al-Chwarizmi ausgehenden Traditionen sind wesentliche Impulse für die Bekanntschaft Europas mit den indisch-arabischen Ziffern,

9 Briefmarke der sowjetischen Post (1983), die al-Chwarizmi ehrt. Er stammt aus Choresm, dem heutigen Chiwa in Usbekistan

32

insbesondere unter den mittelalterlichen Gelehrten, ausgegangen.

Der gesellschaftlichen Struktur des europäischen Feudalismus gemäß konnte im wesentlichen nur die Geistlichkeit gesellschaftlicher Träger des wissenschaftlichen Denkens jener Epoche sein. Klosterbibliotheken sind reiche Fundstätten auch mathematisch-naturwissenschaftlichen Inhaltes; sie spiegeln sowohl den Aneignungsprozeß der von außen nach Europa einströmenden wissenschaftlichen Kenntnissen wider als auch das Bemühen um selbständige Weiterentwicklung.

An den seit dem Ende des 12.Jh. in Europa gegründeten Universitäten, die dem steigenden Bildungsbedürfnis des Klerus entsprangen, fand die Mathematik ihren offiziellen Platz lediglich am Beginn des Studiums, an der sog. Artistenfakultät, wo die sieben sog. „artes liberales" (freie Künste) gelehrt wurden: Der Student wurde, nach dem Besuch einer Lateinschule, im allgemeinen im Alter von 10 bis 12 Jahren, immatrikuliert. Er begann mit dem Studium des Trivium, d. h. der drei sprachlich-philosophischen Fächer (Grammatik, Rhetorik und Dialektik). Es schloß sich das Quadrivium an, das nach antikem Vorbild entstandene „Vierfachstudium" von Arithmetik, Geometrie, Astronomie und Musik.

Damit hatten mathematisch orientierte Kenntnisse immerhin einen festen Platz im Grundbestand höherer Bildung im europäischen Mittelalter erreichen können. Das Niveau aber blieb bescheiden. Es umfaßte die vier Grundrechenarten mit ganzen positiven Zahlen, wobei schon die Division oft genug unüberbrückbare Schwierigkeiten verursachte. Ähnlich elementar blieben die Kenntnisse in ebener Geometrie und Stereometrie. Astronomie war mit Astrologie durchmengt. Auf geozentrischer Basis wurde einiges über die Bewegung von Sonne, Mond und Planeten vermittelt; dies reichte aus, um die beweglichen kirchlichen Feiertage, z.B. Ostern, zu berechnen. Musik spielte in der christlichen Liturgie eine bedeutende Rolle; die theoretische Unterweisung in Musik knüpfte an pythagoreische Grundideen an: Stehen die Längen der Saiten von Musikinstrumenten in ganzzahligen Verhältnissen, so entstehen Tonintervalle wie Oktave, Quarte, Quinte, usw. Mathematisch gesehen läuft das auf die Verwendung von Proportionen hinaus.

Auf dieser durchaus bescheidenen Lehrbasis sind indessen wäh-

rend der Hoch- und Spätscholastik an einigen Universitäten be-
achtliche wissenschaftliche Einzelleistungen – wenn auch häufig
eingebettet in theologische Zusammenhänge – erbracht worden,
auch auf dem Gebiet der Mathematik. Der Oxforder Magister Robert Grosseteste beispielsweise wies der Mathematik eine feste
Stellung im System der Naturphilosophie zu. Sein Schüler, der
Franziskaner Roger Bacon, kannte Euklid, Ptolemaios, Apollonios
und Archimedes. Albertus Magnus, Universalgelehrter, war auch
ein schöpferischer Mathematiker. Johannes Campanus und Wilhelm von Moerbeke gehören in die Reihe bedeutender Übersetz-
zer und Kommentatoren antiker mathematischer Schriften. Schon
der Ausgangsperiode der Scholastik gehört der Oxforder Magister
Thomas Bradwardine an, auf den u. a. im Anschluß an Archimedes
Überlegungen zur Stetigkeit sich ändernder Größen zurückgehen.
Hieran schloß sich ideengeschichtlich u. a. die Theorie der Form-
latituden des Nicolaus Oresme an; er, der es bis zum Bischof von
Liseux in Frankreich brachte, kann wohl als der bedeutendste Mathematiker der Scholastik gelten.

Eine andere mathematische Strömung, die auf praktische Probleme des täglichen Lebens, insbesondere der Ausbildung von
Rechenfähigkeit orientiert, tritt sowohl an den Klosterschulen –
Kloster waren zugleich ökonomische Zentren – als auch im Zusammenhang mit dem aufblühenden Kaufmannsstand in den sich
stürmisch entwickelnden italienischen Handelsstädten des 12.
und 13. Jahrhunderts zutage. Als herausragenden Vertreter dieser
Richtung sei hier Leonardo Fibonacci von Pisa genannt, der, als
Kaufmann zeitweise in Nordafrika tätig, im Kontakt mit der islamischen Mathematik 1202 ein Buch vom Abacus („Liber abbaci")
verfaßt hat, in dem aber, im Gegensatz zum Titel, vom Rechnen
mit den indisch-arabischen Ziffern berichtet wird. Leonardo ist
weiterhin mit Schriften über praktische Geometrie und mit herausragenden, selbständig gefundenen zahlentheoretischen Ergeb-
nissen hervorgetreten. Gelegentlich hat man ihn als „ersten Fach-
mathematiker des Abendlandes" [39, S. 94] bezeichnet.

In einem gewissen Sinne kann man Leonardo Fibonacci als einen
frühen Repräsentant jener Entwicklungsrichtung betrachten, die
mit den mathematischen Ideenkreisen des sich entwickelnden
Kaufmannsstandes in der sich entwickelnden städtischen Kultur
verknüpft war. Die italienischen Städte gingen hier voran; dort er-

reichten Rechenkunst und Abstraktion in Ansätzen algebraischer Denkweise unter Verwendung von Symbolen schon im 14. und 15. Jahrhundert einen beachtlichen Hochstand. Gerade in jüngster Zeit sind in Italien – insbesondere durch Frau Raffaella Franci und Frau Laura Toti Rigatelli in Siena (vgl. z. B. [74]) – neue Quellen zur Frühgeschichte der Algebra im 13. und 14. Jh. erschlossen worden. Sie zeigen, daß ein Höhepunkt dieser Entwicklung schon in diesem frühen Zeitraum gelegen hat, eine Tatsache, die dadurch verzerrt und kaum bekannt war, weil das historische Urteil von den – späteren – Druckerzeugnissen des 15. und 16. Jh. geprägt wurde und nicht von den Manuskript gebliebenen Abhandlungen.

Übrigens ist auch der Wortschatz der „Arte dela Mercadantia" (Kunst der Kaufmannschaft), die auch, da italienisch-französischen Ursprungs, in Deutschland als „Welsche Kunst" bezeichnet wurde, weitgehend der italienischen Sprache entnommen und bis heute in Gebrauch geblieben: Konto, Giro, Bilanz, Kredit, Spese, Valuta, brutto, netto, Lombard, Bankrott.

Während das Fingerrechnen in Europa seit dem 15. Jh. weitgehend verschwunden ist, konkurrierten für einige Zeit zwei sich wesentlich unterscheidende Rechenmethoden; das auf dem Rechenbrett oder Abacus (unterschiedlicher Ausführung) und das schriftliche Rechnen mit den indisch-arabischen Ziffern. Ihre jeweiligen Anhänger und Befürworter wurden geradezu „Abacisten" bzw. „Algorithmiker" genannt.

In einem Einschub soll hier wenigstens das Prinzip des Rechenbrettrechnens erläutert werden.

Das Abacus-Rechnen geht bis auf die griechisch-römische Antike zurück. (Ganz unabhängig davon hat im Fernen Osten, in China und Japan das Abacus-Rechnen ebenfalls weite Verbreitung gefunden.) Es hat sich in Europa in der Folgezeit und im Laufe der Jahrhunderte und auch in einigen geographischen Räumen beträchtlich gewandelt.

Zur Ries-Zeit, also Ende des 15. / Anfang des 16. Jhs., war die waagerechte Anordnung der Linien auf dem Abacus üblich geworden. Sie wurden auf einem Brett oder Tisch gemalt oder eingeschnitzt oder auch mit Kreide schnell aufgebracht. Auch Rechentücher waren in Gebrauch; als leicht zu transportierende Rechenhilfsmittel wurden sie auf Tischen ausgebreitet.

Die Linien repräsentieren – von unten nach oben – die Einer, Zehner, Hunderter, Tausender usw., entweder in Zahlen oder in Einheiten von Geld, Länge, Fläche, usw. (Gelegentlich waren auch nichtdezimale Unterteilungen in Gebrauch, etwa, wenn eine Währungsart nicht dezimal unterteilt war.) Die Zwischenräume zwischen den Linien bedeuten die jeweiligen Fünferbündelungen: Fünfer, Fünfziger, 500er, 5 000er, usw.

10 Rechenpfennige aus dem Adam-Ries-Haus in Annaberg-Buchholz (Nachbildung) (Foto Wußing)

Gerechnet wird mit „Rechenpfennigen", aus Holz, Stein, Glas, Metall, Elfenbein. Rechenpfennige wurden sehr häufig künstlerisch gestaltet und besaßen dann einen beträchtlichen Grad von Schönheit oder Wert, obwohl sie natürlich keine Münzen darstellen. Die Zahl wird mit Rechensteinen „ausgelegt". Beispielsweise stellt sich die Zahl 2 478 auf dem Rechenbrett folgendermaßen dar:

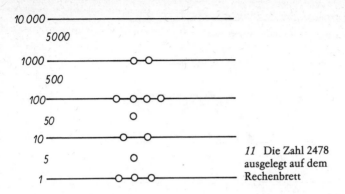

11 Die Zahl 2478
ausgelegt auf dem
Rechenbrett

Um das Rechenprinzip anzudeuten, soll die Addition
2 478 + 3 739 durchgeführt werden:
Die der Zahl 3 739 entsprechenden Rechensteine werden ebenfalls ausgelegt, dazugelegt. Auf dem Rechentisch entsteht dann
das folgende Bild:

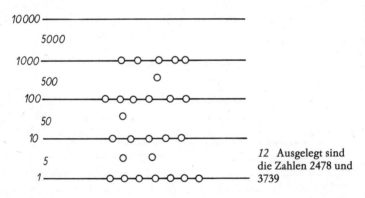

12 Ausgelegt sind
die Zahlen 2478 und
3739

Nun muß „eleviert", d. i. „heraufgehoben" werden: Auf einer Linie können nicht mehr als 4, in einem Zwischenraum (spatio) nicht
mehr als 1 Rechenstein liegen. Von den 7 Einer-Rechensteinen
„verwandeln" sich 5 in einen 5er Stein: Der Rechner entnimmt
der 1er Linie 5 Steine und legt dafür 1 Stein in den 5er Zwischenraum. Dort sind nun drei Steine; zwei davon verwandeln sich in
einen 10er Stein, usw. Durch Pfeile und Vollkreise ist in der nachfolgenden Skizze der Rechengang angedeutet:

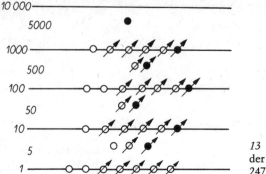

13 Elevieren bei der Addition von 2478 und 3739

Ganz leicht liest man nun das Ergebnis der Addition an den liegengebliebenen Steinen ab. Die Summe ist 6 217.

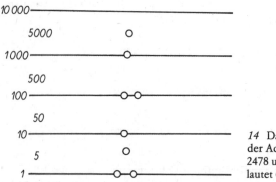

14 Das Ergebnis der Addition von 2478 und 3739. Es lautet 6217

Wie man sieht, wird eigentlich – wenigstens bei der Addition – weniger gerechnet als gezählt. Multiplikation und Division sind schon schwieriger, aber noch leicht erlernbar. Dort wird freilich ein erhebliches Maß an Kopfrechenfertigkeit vorausgesetzt, insbesondere die Beherrschung des „großen Einmaleins" bis 19mal 19.

Insgesamt bot das Abacus-Rechnen erhebliche Vorteile in jener Zeit, in der die überwiegende Mehrzahl der Menschen nicht lesen und schreiben konnte, die wenigsten mit Schreibgerät (Feder, Tinte, Papier) umgehen konnten, Papier als Schreibmaterial sehr teuer war und nur in Ausnahmefällen an regelmäßigen, langjährigen Schulunterricht zu denken war. Auf dem Rechenbrett war es auch einem relativ Ungeübten nach einiger Anleitung möglich, die in der täglichen Praxis anfallenden Rechenaufgaben auszuführen.

Das Abacus-Rechnen war lange Zeit dominierend, während das schriftliche Rechnen mit den Ziffern erst nach und nach aufkam. Mit dem Entstehen des Buchdruckes, seit Ende des 15. / Anfang des 16. Jhs., neigte sich im Widerstreit beider Rechenverfahren der Sieg dem Ziffern-Rechnen zu; allerdings konnte sich das Abacus-Rechnen noch lange, in Mitteleuropa bis ins 17. Jh., halten.

Während die Kenntnis der indisch-arabischen Ziffern unter den Klostergelehrten schon im 13. Jh. verhältnismäßig verbreitet gewesen sein dürfte, konnten die neuen Zahlzeichen im kaufmännischen Lebensbereich nur langsam an Boden gewinnen. Das rech-

15 Allegorische Darstellung des Sieges des Ziffernrechnens über das Abacus-Rechnen (1503). Die Göttin Arithmetica überwacht einen Wettbewerb: Boethius (links), der damals als Erfinder des Ziffernrechnens galt, ist bereits fertig, während Pythagoras griesgrämig noch rechnet. – Dieses Motiv wurde zur Gestaltung eines Werbeplakates zu einem internationalen wissenschaftshistorischen Symposion in Mexiko-City (1984) verwendet

39

nerische Ergebnis – gewonnen durch Kopfrechnen, Fingerrechnen oder auf dem Rechenbrett – wurde, wenn es der schriftlichen Fixierung z. B. in den Rechnungsbüchern der Kaufleute, Bankhäuser und Stadtverwaltungen bedurfte, in römischen Ziffern festgehalten. Die Gründe der Abneigung gegen die indisch-arabischen Ziffern sind vielschichtig; es handelte sich um Ungewohntes, um von „Heiden" Herrührendes, aber auch um praktische Überlegungen. In einer Anordnung des Rates der Stadt Florenz vom Jahre 1299 wird der Gebrauch der indischen Ziffern in den Hauptbüchern untersagt, weil diese neuen Ziffern leichter zu fälschen seien.

Erst zu Anfang des 15. Jhs. beginnen sich die indisch-arabischen Ziffern im praktischen Bereich durchzusetzen. Auch hier gingen die italienischen Handelsstädte voran, während man in Deutschland erst zur Mitte des Jhs. nachfolgte. Häufig wurde mit den neuen Ziffern schon gerechnet, das Ergebnis aber noch mit den alten, römischen Ziffern festgehalten.

Mitte des 15. Jhs. treten die indisch-arabischen Ziffern ihren Siegeszug an: Schon die Bamberger Rechenbücher von 1482 und 1483 sowie das Rechenbuch des Johannes Widmann von 1489 verwenden die neuen Ziffern. Von den bekannteren Rechenmeistern blieb lediglich Jacob Köbel altmodisch. Er hielt in seinem Rechenbuch von 1514 noch an den römischen Ziffern fest; sogar die Brüche werden, mit Bruchstrich, mit römischen Ziffern geschrieben. Der endgültige Übergang zum Gebrauch der indisch-arabischen Ziffern, sowohl auf dem Abacus als auch beim schriftlichen Rechnen, in der tagtäglichen Rechenpraxis kann als ein Charakteristikum der europäischen Mathematik in der Renaissance gelten, zu denen – neben der Durchbildung der Trigonometrie im Zusammenhang mit der Entfaltung der Astronomie – auch der Ausbau der Rechenmethoden und deren Durchdringung mit algebraischen Denkweisen und symbolischen Bezeichnungen zu rechnen wäre. (Vgl. [79], [38].) Gerade das letztere ist besonders relevant in bezug auf unseren Adam Ries.

Al-Chwarizmi war nicht nur Verfasser einer Abhandlung über die indischen Ziffern, sondern auch eines Buches zur Auflösung linearer und quadratischer Gleichungen. Es trug den Titel „Al-kitab al-muhtasar fi hisab al-ǧabr wa-l-muqabala". (Dabei bedeuten kitab soviel wie Buch, hisab soviel wie Rechnen, al-ǧabr etwa Ergänzung und muqabala etwa Gegenüberstellung.) Der Titel hieße also etwa Buch über das Rechnen mit Ergänzung und Gegenüberstellung. Ein Beispiel wird dies verdeutlichen. Al-Chwarizmi behandelt (hier in moderner Formulierung) z. B. die Gleichung

$$2x^2 + 100 - 20x = 58.$$

Der erste Schritt zur Lösung der Gleichung besteht in der „Auffüllung", „Ergänzung" (in der Addition des linearen Terms $20x$):

$$2x^2 + 100 - 20x + 20x = 58 + 20x.$$

Noch einmal wird aufgefüllt:

$$2x^2 - 100 - 58 = 58 - 58 + 20x.$$

Dann erfolgt die „Gegenüberstellung"

$$2x^2 + 42 = 20x$$

mit der Normalform $x^2 + 21 = 10x$ eines Typs einer quadratischen Gleichung. Übrigens leiten sich – wenn auch auf historisch verschlungenen Wegen – die Worte „Algebra" von al-ǧabr und „Algorithmus" von al-Chwarizmi ab. Interessant ist auch ein Blick auf die Absichten, die al-Chwarizmi mit diesem Buch verfolgte. Er wolle, so sagt er, ein kurzes Buch schreiben

von den Rechenverfahren der Ergänzung und Ausgleichung mit Beschränkung auf das Anmutige und Hochgeschätzte des Rechenverfahrens für das, was die Leute fortwährend notwendig brauchen bei ihren Erbschaften und Vermächtnissen und bei ihren Teilungen und ihren Prozeßbescheiden und ihren Handelsgeschäften und bei allem, womit sie sich gegenseitig befassen, von der Ausmessung der Ländereien und der Herstellung der Kanäle und der Geometrie und anderem dergleichen nach seinen Gesichtspunkten und Arten. (Zitiert [60, Bd. II, S. 65])

Nun hat jedoch al-Chwarizmi gemäß allgemeiner damaliger Verfahrensweise die Gleichungen nicht in allgemeiner Form, sondern nur an Hand von Beispielen, in verbaler Beschreibung, nicht jedoch mit Symbolen für die Variablen und die Rechenoperationen behandelt, und das gestützt auf geometrische Beweise. Dessen ungeachtet lassen sich die von ihm behandelten Gleichungen klassifizieren, und zwar in sechs Normalformen. In verbaler Bezeichnung heißen sie, kurzgefaßt, Quadrat gleich Wurzel, Quadrat gleich Zahl, Wurzel gleich Zahl, Quadrat und Wurzel gleich Zahl, Quadrat und Zahl gleich Wurzel, Quadrat gleich Wurzel und Zahl, wenn wir „Wurzel" für die Variable und „Quadrat" für das Quadrat der Variablen schreiben. In moderner Form handelt es sich um die Gleichungstypen

$$ax^2 = bx$$
$$ax^2 = b$$
$$ax = b$$
$$ax^2 + bx = c$$
$$ax^2 + b = cx$$
$$ax^2 = bx + c,$$

wo die Koeffizienten a,b und c ganze positive Zahlen darstellen.

Diese algebraische Abhandlung von al-Chwarizmi hat in der europäischen mittelalterlichen Mathematik eine große Rolle gespielt und ist mehrfach übersetzt bzw. kommentiert worden, unter anderem durch Robert von Chester um 1140 unter dem Titel „Liber algebrae et almucabala".

Im Prozeß der Aneignung des aus der Antike und der islamischen Welt überkommenen Erbes durch europäische Gelehrte und Praktiker spielten die Verfahren zur Lösung von Gleichungen eine herausragende Rolle, die sich allerdings noch nicht so streng und systematisch durchgearbeitet darboten wie die Geometrie nach Euklidischem Muster.

Hier, in diesem Punkte, hat man wohl – über die theoretischen und praktischen Bedürfnisse hinaus – einen weiteren Impuls für die Vertiefung und Weiterführung der antiken und mittelalterlichen algebraischen Denkweisen zu suchen, die schließlich mit François Vieta zu Beginn des 17.Jhs. in die Begründung der Algebra als neuer, selbständiger mathematischer Disziplin einmünden sollten.

Doch war dies ein komplizierter, schwieriger Weg dahin. Als eine historische Zwischenetappe zwischen Rechenkunst und Algebra tritt uns die Periode der Coß entgegen, in der sich nach und nach spezielle algebraische Symbole einzubürgern begannen und der abstrakte, algebraische Kern der Behandlung von (algebraischen) Gleichungen herausgearbeitet wurde.

Die Bezeichnung „Coß" leitet sich ab von dem italienischen Wort

„cosa", d. i. „Ding", „Sache", lat. res. Dieses Substantiv bezeichnete die gesuchte Sache, die gesuchte Größe, die aus Gleichungen zu bestimmen ist. Wir verwenden heute dafür die Variablen-Bezeichnung x.

Natürlich bietet ein kleines Bändchen zur Biographie von Adam Ries nicht den Raum, die Entwicklung der praktischen Rechenkunst, der Coß und der sich entwickelnden algebraischen Denkweisen auch nur einigermaßen vollständig darzustellen. Nur ein paar Glanzlichter, nur herausragende Ereignisse können Erwähnung finden, und zwar solche, die der deutlichen historischen Einordnung von Adam Ries dienen. Folgerichtig steht dann auch die Entwicklung in Deutschland im Vordergrund und damit die Entwicklung der „Deutschen Coß".

Was die Entwicklung in Deutschland betrifft, so kennt man bereits aus den Jahren 1280 bis 1290 ein frühes Handlungsbuch, das ein Lübecker Tuchhändler verfaßt hat. Aus dem 14. Jh. liegen mehrere Rechnungs- und Handlungsbücher von Kaufmannsuntersuchungen vor, vor allem aus dem Bereich der Hanse, so aus Lübeck, Rostock und Hamburg.

Erst zu Anfang des 15. Jahrhunderts hatten sich in Deutschland Warenproduktion, Fernhandel und Kaufmannsstand so weit entwickelt, war die Verdrängung der Naturalwirtschaft durch die Geldwirtschaft so weit fortgeschritten, daß mathematisches Denken und mathematische Methoden in die Sphäre der Kaufleute, Händler und des frühbürgerlichen Städtebürgertums einzudrängen begannen und andererseits auch mathematisch interessierte Geistliche in Klöstern sich für praktische Verwendung der Mathematik im kaufmännischen Bereich zu interessieren begannen.

Für den deutschen Sprachraum nimmt Fridericus Gerhart eine ähnlich zentrale und anregende historische Rolle ein wie Leonardo Fibonacci von Pisa in Italien. Fridericus, ein Benediktinermönch, Mitte des 15. Jhs. im Kloster St. Emmeran bei Regensburg lebend, konnte seinerseits auch auf italienische Quellen zurückgreifen und hat sich um eine Zusammenfassung des ihm verfügbaren mathematischen Wissens bemüht. Unter seinen Schriften ragt der „Algorismus Ratisbonensis" [61] von 1457/61 heraus, insbesondere die darin enthaltene „Practica". Sie wendet sich mit spezifisch ausgewählten Aufgaben an Kaufleute und Münzmeister und hat auf die Entwicklung einen nachhaltigen Einfluß ausgeübt.

Über die historische Rolle von Fridericus und dessen „Algorismus Ratisbonensis" urteilt K. Vogel folgendermaßen:

In seinem Algorismus Ratisbonensis hat er die neuen Methoden gelehrt und darin eine umfangreiche Aufgabensammlung, die Practica, zusammengestellt, in der auch die an den Kaufmann und Münzmeister herantretenden Probleme ausgiebig berücksichtigt wurden. Die Aufgaben des AR (= Algorismus Ratisbonensis) sind weithin in Deutschland, besonders in Franken und Sachsen, bekannt geworden. Wir finden sie wieder in einer späteren Fassung des AR, in der genannten Bamberger Handschrift (gemeint ist eine dem Bamberger Blockbuch [61] beigebundene Handschrift mit 126 Blättern, Wg) oder im Cod. Vindobonensis 3029, dann gedruckt im Bamberger Rechenbuch von Ulrich Wagner aus dem Jahre 1483 …, bei Johann Widmann aus Eger (Rechenbuch von 1489), und noch später bei Huswirth, Böschenstein, Adam Ries, Rudolff und anderen. [61, S. 41, 42]

In einigen Schriften von Fridericus läßt sich darüberhinaus auch der allmähliche Übergang zur Deutschen Coß dokumentieren. Bereits aus dem Jahre 1461 gibt es ein erstes in deutscher Sprache verfaßtes Textstück algebraischen Inhaltes, zu einem „puech algebra vnd almucabala" (Buch Algebra und Almucabala).
Dort findet sich eine verbale Beschreibung der Auflösung jener sechs, auf al-Chwarizmi zurückgehender Typen linearer und quadratischer Gleichungen. Darüberhinaus verwendete Fridericus abkürzende Symboliken; beispielsweise bezeichnete er die Potenzen der Variablen durch hochgestellte Symbole an den Koeffizienten.
Um etwa dieselbe Zeit, Anfang der 60er Jahre des 15. Jhs., hatte auch Johannes Regiomontanus, die führende Figur der Wiener mathematischen Schule und überhaupt der herausragende Mathematiker der Frührenaissance, neben weitgefächerten mathematischen Studien sich auch der Algebra zugewandt. Er war – wie wir aus Briefen wissen – wohlvertraut mit der Lösung der sechs Gleichungstypen von al-Chwarizmi, formulierte Aufgaben, die auf Gleichungen höheren als zweiten Grades hinauslaufen. Regiomontanus benutzte spezielle, cossistische Symbole für die erste und zweite Potenz der Variablen, für ein Gleichheitszeichen, für die Quadratwurzel. (Näheres dazu [62], [63].)
Ganz deutlich hat sich Regiomontanus um Auflösungsverfahren für kubische Gleichungen bemüht und dachte ganz allgemein über die Behandlung von Gleichungen höherer Grade nach; nach

damaligem Wissensstand und Vorbildern schwebte ihm natürlich eine geometrische Behandlungsweise vor. In einem Brief vom Jahre 1471 formulierte Regiomontanus den Aufbau einer Algebra, die Gleichungen höheren als 2. Grades zu behandeln gestattet, als eine Zukunftsaufgabe. Er griff damit weit in die Zukunft voraus, mehr als anderthalb Jahrhunderte. Er schrieb:

Manche rühmen sich, die höhere Algebra schon in der zu besitzen, die in den so verbreiteten sechs Normalformen gelehrt wird. Sie übersehen vollkommen, daß sich diese Wissenschaft nicht auf dritte, vierte und höhere Potenzen erweitern läßt, wenn nicht die Geometrie volumengleicher Körper gefördert wird. Wie sich die drei zusammengesetzten Normalformen (der quadratischen Gleichung) auf Gleichheit von Flächen stützen, so wird notwendigerweise eine weitere Fortführung der Lehre von der Umwandlung von Körpern abhängen. Ich möchte daran deswegen erinnern, damit meine darauf gerichteten Bemühungen von anderer Seite unterstützt werden. (Zitiert [63, S. 208])

Um 1450 hatte Johannes Gutenberg für Europa den Buchdruck mit beweglichen Lettern erfunden und technisch durchgebildet. Bereits vorher hatte man Druckverfahren für Holzschnitte entwickkelt, etwa für aktuelle Flugschriften, Heiligenbilder, Spielkarten, selten allerdings sogar für ganze Bücher: Seite für Seite wurde der Text (oder die bildliche Vorlage) in ein Holzbrettchen geschnitzt und danach gedruckt; daher rührt die Bezeichnung Xylographie, Holzschneidekunst.

Es spricht für das hohe allgemeine öffentliche Interesse an Arithmetik und Geometrie, daß Rechenbücher – neben Bibel und allerlei aktuellen Flugschriften politischen oder religiösen Inhaltes – zu den frühen Druckerzeugnissen gehören, wenn sie auch erst im beginnenden 16. Jahrhundert zu einer verbreiteten Erscheinung wurden. Eine „bibliophile Seltenheit allerersten Ranges" (K. Vogel) und ein sehr frühes, gedrucktes Dokument zur Entwicklungsgeschichte der Deutschen Coß ist das sog. „Bamberger Blockbuch" [61], das zwischen 1471 und 1482 entstanden sein dürfte. Es umfaßt 14 Blätter; der Verfasser konnte nicht eindeutig identifiziert werden. Es handelt sich um ein xylographisch gedrucktes Rechenbuch. Dem Kaufmann wird an Hand von Musteraufgaben – es sind insgesamt 89 Exempel – demonstriert, wie Preise zu berechnen sind, Preise für allerlei Waren, für Gold verschiedener Feinheitsgrade, u. a. m. Die Ergebnisse sind richtig, aber das Rechenverfahren wird nicht angegeben. Mathematisch läuft dies auf die

Anwendung der Regeldetri hinaus – nur diese Rechenanweisung wird abstrakt vermittelt. Zinsrechnungen treten nicht auf. Beigegeben sind Tabellen für die im Buch verwendeten Maße (Gewicht, Stofflänge, Wein- und Getreidemaße, Eisenstreifen, Anzahl) und ein Einmaleins.

Das erste Exemplum, das sich der Regel vom Dreisatz direkt anschließt, lautet:

Item einer kauft 32 Ellen vmb 45 fl; wie kumen 3 Ellen? facit 4 fl 4 ß haller $\frac{1}{2}$. [61, S. 56]

(Also: es kauft jemand 32 Ellen (Tuch) für 45 Gulden. Was kosten 3 Ellen? Das Ergebnis ist 4 Gulden, 4 Groschen $4\frac{1}{2}$ Heller. Wg)

Dabei bedeutet fl soviel wie Gulden und ß Groschen oder Schilling. Der Gulden wird zu 20 Schilling (oder Groschen) bzw. zu 240 Heller gerechnet.

Ein anderes Beispiel, eine Aufgabe, von Blatt 6^r.

Item 1 fuder weins vmb 9 fl, wie kumpt 1 aymer? facit 6 lb 7 dñ $\frac{1}{2}$. [61, S. 63]

(Also: 1 Fuder Wein kostet 9 Gulden. Was kostet 1 Eimer? Das Ergebnis lautet 6 Pfund, $7\frac{1}{2}$ Pfennig. Wg)

Dabei hat 1 Fuder 12 Eimer (bzw. 68 Maß).

Die Abkürzung lb steht für Pfund, dñ für Pfennig (von lat. denarius). Gerechnet wird 1 Gulden (fl) zu 8 lb 10 d. Dieses Beispiel ist schon etwas schwieriger. Interessant ist wohl auch die Tatsache, daß im Blockbuch bei gebrochenen Zahlen Bruchstriche verwendet werden.

Im Bamberger Blockbuch (und in anderen Schriften, zum Beispiel auch im „Algorismus Ratisbonensis") finden sich Aufgaben, die später von Johannes Widmann aus Eger übernommen worden sind, einem Mathematiker, der – ebenso wie Fridericus – zu den prägenden Vorbildern für unseren Adam Ries geworden ist. Wir müssen daher Johannes Widmann hier besondere Aufmerksamkeit widmen. Bezüglich Leben und Werk von Johannes Widmann sei verwiesen auf die gewissenhaften Studien von W. Kaunzner [44], [46], [29].

Widmann gehört zu den herausragenden Persönlichkeiten in der Geschichte der Mathematik des ausgehenden 15. Jahrhunderts, zu den

Bahnbrechern ..., welche ... einer ganzen Generation von zünftigen und zukünftigen Rechenmeistern den Weg bereiten halfen, mathematisches Wissen auch in Volksschichten zu verbreiten, denen der Besuch einer Klosterschule oder einer der erst wenig Jahrzehnte alten Universitäten versagt war. [44, S. 1]

Widmann dürfte um 1460 im damaligen böhmischen Eger (heute Cheb) geboren worden sein, studierte seit 1480 an der Leipziger Universität und wurde 1485 dort Magister. Ab 1486 hat Widmann Vorlesungen gehalten, und zwar zunächst über Algebra. Es scheint, daß diese Vorlesung vom Sommersemester 1486 die älteste nachweisbare Algebra-Vorlesung überhaupt ist; in Leipzig ist ein entsprechendes Kollegienheft erhalten geblieben. Weiterhin hielt Widmann Vorlesungen zur Arithmetik; aus überlieferten Ankündigungen wissen wir, daß er Übungen zum Rechnen auf den Linien und zum Gebrauch der indisch-arabischen Ziffern abzuhalten gedachte.

Dieser Universitätsprofessor Widmann hat sich zugleich als Verfasser eines Rechenbuches hervorgetan, das einen nachhaltigen Einfluß ausgeübt hat. Im Jahre 1489 erschien in Leipzig Widmanns „Behende vnd hubsche Rechenung auff allen kauffmanschafft".

Zwar bemüht sich Widmann, der mit dem Blick auf die Bedürfnisse der Praxis in deutscher Sprache schrieb, um leicht verständliche Rechenregeln, aber noch ist die Sprache ungelenk, dem Sachverhalt nicht gewachsen.

Eine solche Feststellung gilt natürlich für alle europäischen Nationalsprachen jener Zeit, die mit dem Blick auf wissenschaftliche Sachverhalte erst nach Wortschatz und Diktion entwickelt werden mußten. Latein blieb noch lange die Sprache der Gelehrten. Daher muß man auch Albrecht Dürer etwa und den Rechenmeistern, auch Adam Ries, einen hohen Anteil an der Ausbildung der deutschen Schriftsprache zumessen.

Widmann erläutert seine Regeln nur an Beispielen, gibt also die Regeln nicht in allgemeiner Form an. Jede andere Vorgehensweise wäre für Kaufleute ohnedies töricht und nutzlos gewesen. Darum auch enthält das Rechenbuch keine algebraische Symbolik;

allerdings treten an vielen Stellen die Zeichen + und − auf: das erste Mal im Druck! Übrigens erscheint in Widmanns Rechenbuch das Wort Algebra zum erstenmal in einem gedruckten deutschsprachigen Text.

Die Entstehung der Zeichen + und − ist nicht eindeutig geklärt. Manche Indizien, z. B. in der „Lateinischen Algebra" in Codex C 80 von Dresden, fol. 288^r, legen die Schlußfolgerung nahe [44, S. 7], daß das Zeichen + aus einer Ligatur für „et", das Minuszeichen − aus „in" hervorgegangen ist. Andere Quellen wiederum weisen mit großem Nachdruck auf den Ursprung aus der Handelspraxis hin: Das Zeichen − hat Untergewicht, + dagegen Übergewicht bedeutet. Auch dafür bietet W. Kaunzner Gründe an, z. B [44, S. 14, 15]. Zu diesem Problem vgl. auch [60, S. 204−207].

Das Widmannsche Rechenbuch erlebte in relativ kurzer Zeit weitere Auflagen (Pfortzheim 1508, Hagenau 1519, Augsburg 1526), hat also zweifellos die Bedürfnisse der angesprochenen Leser erfaßt. Es enthielt [44, S. 65ff.] drei Abschnitte. In einem ersten Teil werden Rechnungen mit natürlichen Zahlen durchgeführt: Addieren, Verdoppeln, Multiplizieren, Subtrahieren, Halbieren, Dividieren, arithmetische und geometrische Reihen, Quadratwurzelziehen; ferner enthält Teil I eine kurzgefaßte Bruchrechnung und die sog. Tolletrechnung. In Teil II werden Zahlenbeispiele durchgeführt und Aufgaben aus der Kaufmannspraxis vorgerechnet, einschließlich Zins- und Zinsesrechnung. Teil III ist geometrischen Inhaltes.

Widmann, über den man für die Zeit nach 1489 keine gesicherten Lebensdaten mehr hat in Erfahrung bringen können, verdankt seine Berühmtheit diesem Rechenbuch. Es ist erst im 19. Jahrhundert deutlich geworden, daß Widmann auch auf mathematisch-abstraktem Niveau eine herausragende Persönlichkeit war. Das zeigt die schon erwähnte Nachschrift seiner Algebra-Vorlesung von 1486 − und das zeigt die Analyse einer berühmten Manuskriptsammlung, des Codex C 80 in Dresden, der sich auch für die Beurteilung unseres Adam Ries als von wesentlicher Bedeutung erweisen wird, wie wir noch sehen werden.

Bei dem Dresdener Codex C 80 handelt es sich um eine Sammelhandschrift von Manuskripten verschiedener Autoren aus verschiedenen Zeiten. C 80 enthält u. a. eine „Lateinische Algebra", die sich als direkte Vorlage der Widmannschen Algebra-Vorlesung von 1486 erwiesen hat und übrigens auch Ergänzungen von Widmanns eigener Hand enthält. Die „Lateinische Algebra" in C 80 widerspiegelt also Widmanns mathematische Leistungsfähigkeit. Er zeigt sich als Meister des damaligen Standes algebraischer Denkweisen: Durchgehende Verwendung der Zeichen + und −, feststehende Bezeichnung der ersten Potenzen der Variablen (Unbekannten) von x^0 bis x^4 durch cossische Symbole, weit fortgeschrittene Behandlung der quadratischen Gleichungen.

W. Kaunzner schätzt Widmanns Beitrag zur Entwicklung der Algebra überaus hoch ein:

Als großes Verdienst Widmanns können wir also auch die nicht nur bruchstückhafte, sondern ziemlich geschlossene Darstellung des algebraischen Wissens seiner Zeit werten ... womit er der Algebra aus der Stagnation, in welcher sie sich ja fast seit ihrem „Erfinder" Alchwarazmi befunden hatte, zum deutlichen Siegeszug mitverhalf, der sich nicht an den mystischen Äußerungen in seinem Rechenbuch von 1489 messen läßt, sondern in dem Versuch des aufkommenden Zeitalters der Erfindungen und Entdeckungen, naturwissenschaftlichen Problemen mittels mathematischer Prägnanz und Eleganz gerecht zu werden. [44, S. 22]

Mehr noch: Gestattet die „Lateinische Algebra" im C 80 von Dresden den Rückschluß auf den Cossisten bzw. Algebraiker Widmann, so nimmt überhaupt C 80 eine Schlüsselstellung für die Entwicklung der Deutschen Coß ein. C 80 nämlich war im Besitz von Widmann, wie seine handschriftlichen Eintragungen zeigen. Die Handschrift ging dann in den Besitz von Dr. Stortz in Erfurt über, und auch Adam Ries hat den Codex C 80 benutzt. Das wird durch handschriftliche Bemerkungen von Adam Ries bewiesen, sowie durch einen Passus in der für Dr. Stortz in Erfurt bestimmten Widmung des Riesschen „Coß"-Manuskriptes aus dem Jahre 1524: Er, Ries, habe zusammengelesen

etzlich Algorithmi Auß eynem alten verworffenen buch Welches ich durch eur achtparkeitt treyben vberkomen Vnd was ich in solchm gefundenn fur den gemeynen man nutzlich hab ich nach gantzem Vleiß gesatzt ... [I, S. 4]

Also: Ries hat seine cossischen Kenntnisse zum Teil übernommen aus einem „alten verworfenen Buch" − dieses aber ist eben der C 80 von Dresden, den ihm Dr. Stortz verschafft hat!

Zwar hat Ries das Rechenbuch Widmanns von 1489 gekannt, aber es war Ries nicht bekannt, daß C 80 von Widmann benutzt worden war. Über das Rechenbuch hat Ries – mit einem gewissen Recht, was die methodische Aufbereitung des Stoffes betrifft – ziemlich abfällig geurteilt, und zwar wiederum in der Widmung der „Coß" an Dr. Stortz. Dort heißt es:

ferner hatt mir eur achtparkeitt auch furgehaltenn Das Buchlein so Magister Johannes Widmann von eger Zusamen gelesenn wie das selbig seltzam vnd wunderlich Zusamen getragenn vnd an wenigk ortten rechte vnderweisung sey. Welches ich dan mit gantzem vleiß gelesenn und das selbig also befunden … [I, S. 3]

Die Dresdner Sammelhandschrift C 80 hat sich als „Fundgrube zur Geschichte der Algebra in Deutschland" (K. Vogel, [65, S. 5, Vorwort]) erwiesen und besitzt damit auch eine Schlüsselstellung für die Einschätzung von Adam Ries.

C 80 umfaßt 471 Blätter und enthält Schriften vorwiegend arithmetischen und algebraischen Inhalts. Neben der „Lateinischen Algebra" (fol. 349–365^v), über die schon berichtet wurde, finden sich dort weitere drei Schriften, die maßgeblichen Einfluß auf Ries ausgeübt haben. (Eine ausführliche Beschreibung von C 80 enthält [45]). Es sind dies eine al-Chwarizmi-Übersetzung ins Lateinische durch Robert von Chester (fol. 340–348 und 304–315), eine Aufgabensammlung und schließlich eine „Deutsche Algebra" (fol. 368–378^v), die „erste große Algebra-Schrift in deutscher Sprache" [67, S. 8]. Gerade dieser Teil von C 80 ist hier, in dieser kurzen Biographie, von hauptsächlichem Interesse.

Die „Deutsche Algebra" ist im Jahre 1481 vollendet worden; aus den Handschriften kann man auf mehrere Verfasser schließen. Im übrigen steht sie im engsten inneren Zusammenhang zu einem Teil der „Lateinischen Algebra".

Der Text beginnt mit einem Verweis auf die „Meister", die aus „Czebreynn" stammen; dieses Wort dürfte aus „al-djabr" entstanden sein und auf dem Mißverständnis beruhen, daß dies ein Land sei, aus dem die Meister ausgezogen seien. Der erste Satz lautet:

Meysterliche Kunst, Dassz ist meisterlich zou wysszenn (Wissen, Wg) rechnung zcu machenn vonn den meysternn, dy do geczogenn sint aussz Czebreynn. [67, S. 19]

Der Text ist nach 24 „Kapiteln" angeordnet, und zwar nach den 6 Typen quadratischer Gleichungen sowie nach weiteren 18, davon abgeleiteten Gleichungstypen. Es folgen die „Namen", d. i.

die Bezeichnungen für die Potenzen der Unbekannten (Variablen): numerus steht für Zahl, bezeichnet durch N oder $\mathfrak{N}$ (von denarius, für Pfennig); Dingk, Czensi, Chubi bzw. wurczell von der Worczell (und entsprechende Symbole) bezeichnen die erste bis vierte Potenz der Variablen. Für „minus" wird „minner" geschrieben; später tritt das Zeichen $-$ auf, sowohl als Operationssymbol als auch als Vorzeichen. Es folgen Zahlenbeispiele zu den Gleichungstypen, allerlei Merkregeln und schließlich 22 Aufgaben, die nach Gruppen geordnet sind: Eine Zahl ist zu suchen; eine Zahl ist in zwei Teile zu zerlegen. Zinseszinsrechnung, Gesellschaftsrechnung u. a. m.

Der algebraische Charakter ist also deutlich, insbesondere bei der Grundaufgabe, Gleichungen zu lösen. Die Verfasser schließen sich den von al-Chwarizmi bereits aufgestellten 6 Grundtypen an, die wir heute in der Form

1) $ax^2 = bx$
2) $ax^2 = c$
3) $ax = c$
4) $ax^2 + bx = c$
5) $ax^2 + c = bx$
6) $ax^2 = bx + c$

schreiben würden, jeweils positive Koeffizienten a, b, c vorausgesetzt. In der „Deutschen Algebra" führt der Autor diese Gleichungstypen mit folgenden Worten ein:

Primum Capitulum: Ist eyn dingk gleych vonn numero adder (oder) czall.
Secundum: Czensszi gleich von derer czall.
Tercium: Eyn dingk gleich vonn czenszenn.
quartum: Czensi vnd ding gleich von der czall.
Quintum: Czenszi vnd zall gleich eyn Ding.
Sextum: Eyn dingk vnd zall gleich eynem czensz. [67, S. 19]

Offensichtlich sind die beiden Reihenfolgen nicht dieselben. Von den weiteren 18 in der „Deutschen Algebra" angeführten Fällen seien hier noch die Fälle 4, 7 und 18 angeführt, die in moderner Formulierung auf

4) $x^4 = a$
7) $x^3 = a$ und
18) $x^2 + a = x^4$

hinauslaufen; später werden Beispiele angegeben:

> 4) bei $x^4 = 81$ ist die Lösung $x = 3$; „das ∂ ist 3"
> 5) bei $x^3 = 64$ ist die Lösung $x = 4$; „das ∂ ist 4"
> 18) bei $x^4 = 8x^2 + 9$ ist die Lösung $x = 3$; „das ∂ ist 3".

(∂ bedeutet die Lösung, das Ding, Wg) [67, S. 22]

In diesem Zusammenhang treten übrigens – neben gelegentlich „Gleichung" oder „Gleichnis" – die Worte „adequacio" und „equacio" für den Gleichungssatz auf. (Vgl. dazu [67, S. 22, S. 28].)
Eine ausführliche Betrachtung der in der „Deutschen Algebra" behandelten Gleichungstypen war notwendig, weil Adam Ries eben hier angeknüpft hat; wir werden noch darauf zurückkommen. Hier soll zunächst nur festgehalten sein, daß Ries bei Behandlung der Gleichungen in der „Coß" acht Fälle unterscheidet, von den sechs Grundgleichungen jene bis auf die Nummer 3 und ferner eben die hier herausgegriffenen Nummern 4, 7 und 18.
Wir wissen also recht genau, an welche Manuskripte Adam Ries angeknüpft hat. Und wir haben durch seine in den verschiedenen Rechenbüchern und in der „Coß" verstreuten Bemerkungen auch Kenntnis von einigen zeitgenössischen Rechenmeistern, Probierern und Mathematikern und deren Druckschriften, an denen sich Adam Ries inhaltlich orientiert hat, sowohl in zustimmenden und anerkennenden als auch im kritisch-ablehnenden Sinne. Außer dem bereits vorgestellten Johannes Widmann umfaßt eine (unvollständige) Liste der von Ries erwähnten zeitgenössischen Mitstreiter auf dem Felde der Rechenkunst die Namen Jacob Köbel, Heinrich Grammateus (eigentlich Schreiber), Christoff Rudolff, Michael Stifel, Andreas Alexander, Hans Bernecker, Hans Conrad, Geronimo Cardano. Auch erwähnt Ries einen „berühmten und wohlerfahrenen Algebraß", womit wohl al-Chwarizmi gemeint sein dürfte.
Ries hat sich, wie schon berichtet, über Widmanns Rechenbuch von 1489 recht abfällig geäußert. Ähnlich negativ ist sein Urteil – wiederum in der Widmung der „Coß" für Dr. Stortz – über den Stadtschreiber von Oppenheim und sein Rechenbuch, gemeint ist Jacob Köbel, und das Rechenbuch von 1514.

Der buchlein ich auch geschenkt empfangen vnd durch sehenn / sonderlich etzliche durch den statschreiber Zu Oppenheym gemacht In welchen gantz vnd gar kein grundt Nach vnderrichtung gesatzet ist, ... [I, S. 2/3]

Das „verworffene Buch"
(im Besitze von Widmann, Stortz, Ries –
Landesbibliothek Dresden,
Sammelhandschrift C. 80, 471 Blätter)

enthält unter anderem:

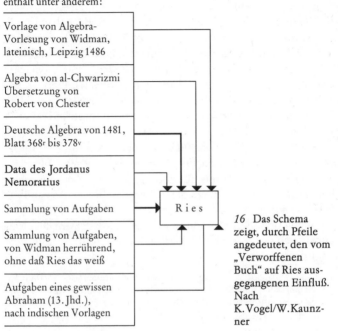

Vorlage von Algebra-
Vorlesung von Widman,
lateinisch, Leipzig 1486

Algebra von al-Chwarizmi
Übersetzung von
Robert von Chester

Deutsche Algebra von 1481,
Blatt 368r bis 378v

Data des Jordanus
Nemorarius

Sammlung von Aufgaben

R i e s

Sammlung von Aufgaben,
von Widman herrührend,
ohne daß Ries das weiß

Aufgaben eines gewissen
Abraham (13. Jhd.),
nach indischen Vorlagen

16 Das Schema
zeigt, durch Pfeile
angedeutet, den vom
„Verworffenen
Buch" auf Ries aus-
gegangenen Einfluß.
Nach
K. Vogel/W. Kaunz-
ner

Das Köbelsche Rechenbuch „Eynn Newe geordent Rechenbüchlein", Oppenheim 1514, muß indes beliebt gewesen sein; es erlebte 1514 schon in Augsburg eine weitere, 1518 in Oppenheim
eine dritte Auflage. Das „New geordent Vysierbuch" erschien
1515 in Oppenheim. Die weiteren Rechenbücher von Köbel sind
erst nach 1524, also nach der Niederschrift der „Coß" erschienen.

Voller Hochachtung dagegen spricht sich Ries über den Magister
Henricus Grammateus (eigentlich Heinrich Schreiber) aus. In der
Tat: Der in Erfurt geborene Heinrich Schreyber (oder Schreiber)
gehört zu den Wegbereitern der Deutschen Coß. Nach Studien in
Wien und Krakow wurde er Magister in Wien. Die Unversität
Wien wurde 1521 wegen der Pest geschlossen, und Schreiber ge-

langte über Nürnberg nach Erfurt; 1525 ist er wieder in Wien. Damit sind Ries und Schreiber zur selben Zeit in Erfurt tätig gewesen, an einem der geistigen Zentren jener Zeit. Auch Schreiber hat nachweislich den Dresdner Codex C 80 benutzt.

In Erfurt auch erschienen zwei Bücher von Schreiber, darunter 1523 „Eynn kurtz newe Rechenn unnd Visyr buechleynn ...".

Schon vorher, 1521, waren in Nürnberg andere Rechenbüchlein in deutscher Sprache erschienen, nämlich „Behend und künstlich Rechnung nach der Regel und wellisch practi" und „Ayn new künstlich Buech" (die Vorrede ist von 1518 datiert). Dort, in seinem Hauptwerk, werden Rechnen auf den Linien, die indischen Rechenmethoden, kaufmännisches Rechnen (d. „welche Praktik"), Regula falsi, Buchführung, das Visieren mit der Rute gelehrt. Schreiber verwendete durchgängig die Zeichen + und −, führte spezielle cossische Zeichen für die Potenzen der Variablen ein, setzte sich expressis verbis für die Algebra ein. Seine algebraischen Schriften gehören zu den frühesten in Deutschland im Druck erschienenen.

In der schon oft zitierten Widmung an Dr. Stortz bezieht sich Ries zweimal auch auf Schreiber. Dr. Stortz habe ihn, Ries, hingewiesen auf den

wolerfarnen wolgelartenn / Magistrum Henricum gramatheus Mathematicum / der kürtzlich angefangen Zu schreybenn / auch etwas von der ℀ berurtt Der in lateinischer Zungen erfarnn Die bucher Euclides vnd andere Zur sach dinendtt gelesenn [I, S. 3]

Zu Schreibers Schülern gehört − neben Ries, wenn man so will − insbesondere Christoff Rudolff, durch den die Entwicklung der Deutschen Coß in entscheidender Weise vorangebracht wurde.

An mehreren Stellen in seiner „Coß" erwähnt Ries den Probierer Hans Conrad, spricht von ihm als seinem guten Freund, lobt ihn mehrfach, daß er schwierige Aufgaben haben lösen können. Auch habe er, Ries, von Conrad herrührende Exempel übernommen. So heißt es etwa:

Volgende exempel seint eynes teylß durch Hansenn Conrad probirer Zu eyßleyben gemacht / eynes teyls auch durch Hansenn bernegker Zu leiptzk etwan Rechenmeister do selbst / vnd darzu etzliche von mir Adam Riesenn Darzu hab ich sie alle rechtfertigett Vnnd am leichtestenn in tag gebenn mit anhangenden probenn ... [I, S. 187]

Die zitierte Passage läßt übrigens auch den Rückschluß zu auf die überaus schöpferische Arbeit von Ries auch bei solchen Aufgaben und Beispielen, die er von anderen übernommen hat.

Ries erwähnt Hans Conrad gegen Ende der „Coß" (S. 429) als „in got vorschiden", hat ihn, „seinen guten Freund", demnach überlebt.

Über Conrad und weitere von Ries noch erwähnte und hoch gelobte Mathematiker bzw. Rechenmeister wie Magister Andreas Alexander bzw. Hans Bernecker haben sich nur wenig sichere Daten und Informationen noch auffinden lassen. Der Magister Andreas Alexander war 1502 bis 1504 an der Leipziger Universität tätig.

Wir sind am Ende eines Streifzuges durch die Entwicklungsgeschichte der Deutschen Coß, bis zum frühen 16. Jahrhundert, als Ries selbst gestaltend eingriff. Vieles wurde nur verkürzt wiedergegeben, vieles auch ganz weggelassen, da unsere Blicke auf Adam Ries konzentriert waren.

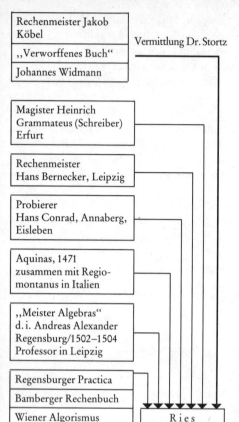

| Rechenmeister Jakob Köbel |
| „Verworffenes Buch" |
| Johannes Widmann |

Vermittlung Dr. Stortz

Magister Heinrich
Grammateus (Schreiber)
Erfurt

Rechenmeister
Hans Bernecker, Leipzig

Probierer
Hans Conrad, Annaberg,
Eisleben

Aquinas, 1471
zusammen mit Regio-
montanus in Italien

„Meister Algebras"
d. i. Andreas Alexander
Regensburg/1502–1504
Professor in Leipzig

| Regensburger Practica |
| Bamberger Rechenbuch |
| Wiener Algorismus |

Ries

17 In verknappter und ein wenig schematisierter Form lassen sich die auf mathematischem Gebiet an Ries ergangenen Einflüsse in dieser Form darstellen. Nach K. Vogel/W. Kaunzner

Die Rechenbücher

Als Adam Ries die Universitätsstadt Erfurt verließ, stand er in wissenschaftlicher Hinsicht auf der Höhe der Zeit, als Rechenmeister und als Cossist. Zwei Rechenbücher sind in Erfurt vollendet und gedruckt worden; noch in Erfurt vollendete Ries wesentliche Teile einer „Coß". Das dritte Rechenbuch dagegen erschien erst, als Adam Ries schon länger als ein Vierteljahrhundert in Annaberg gewirkt hatte.

Für das Folgende wird es nützlich sein, die Titel der drei Rechenbücher von Ries näher zu betrachten und sie genau auseinanderzuhalten. Ausführliche Information findet der Leser in der Bibliographie von F. Deubner [35].

Das erste Rechenbuch trägt den Titel:

„Rechnung auff der linihen // gemacht durch Adam Riesen vonn Staffelsteyn / in massen man es pflegt tzu lern in allen// rechenschulen gruntlich begriffen anno 1518// vleysigklich vberlesen / vnd zum andern mall// in trugk vorfertiget. Getruckt zu Erffordt zcum// Schwartzen Horn.// 1525."

Dieses Rechenbuch, für das wir die Kurzbezeichnung „Linienrechnung" verwenden wollen, war 1518 vollendet. Von der zwischen 1518 und 1522 gedruckten ersten Auflage hat sich bisher kein Exemplar nachweisen lassen. Der Titel gibt die zweite Auflage wieder. Die „Linienrechnung" erreichte, soviel bisher bekannt, vier Auflagen.

Das zweite Rechenbuch wurde der größte Erfolg, nicht unbedingt für Ries selbst, weil es damals noch kein Urheberrecht gab und – wenn kein Privileg durch einen hohen Herrn erteilt worden war – jedem der Nachdruck offenstand.

Vom zweiten Rechenbuch haben sich, insbesondere durch die angestrengten Forschungen von Fritz und Hildegard Deubner [35] (mindestens) 108 Auflagen nachweisen lassen; die letzte (bekannte) Auflage erschien 1656 in Frankfurt/Oder. Und da an Büchern nur neu aufgelegt wurde, was Gewinn beim Verkauf erwar-

Rechnüg auff

der linihen gemacht durch Adam Rifen
von Saffelftein vnn maffen man es pflegt tzu lern tzun
allen rechenschulen gruntlich begriffen anno 1518.
vleyfzigklich vberlefen vnd zum dritten mal
ynn truck vorfertiget.

Gedruckt zu Erffurdt durch
Matthes Maler.
1 5 30.

18 Titelblatt des
ersten Rechenbuches
(1518) von Adam
Ries, der „Linien-
rechnung". Dritte
Auflage von 1530
(Quelle: Verlag
H. C. Schmiedicke,
Leipzig)

ten ließ, kann man ermessen, in wie starkem Maße unser Ries ein
gesellschaftliches Bedürfnis getroffen hat. Folgerichtig werden wir
das Hauptgewicht auf die Analyse des zweiten Rechenbuches legen, um Ries als Rechenmeister vorzustellen.
Die Erstauflage des zweiten Rechenbuches, für die wir die Kurzbezeichnung „Ziffernrechnung" wählen, hat den Titel

„Rechenung auff der linihen// vnd federn in zal / maß vnd gewicht
auff// allerley handierung / gemacht vnnd zu// samen gelesen
durch Adam Riesen// vó Staffelstein Rechenmey-//ster zu Erffurdt
im// 1522. Jar. //"

Das zweite Rechenbuch enthält also sowohl das Rechnen auf dem
Rechenbrett als auch das Ziffernrechnen. An einige der vielen
Ausgaben ist noch das Visierbüchlein eines gewissen Erhard
Helm angefügt, also eine Belehrung darüber, wie man den Raum-
inhalt von Fässern mittels einer Visierrute (oder eines Visiersta-
bes, einer geeichten Meßlatte) bestimmen kann.

Rechnung auff
der Linien vnd Federn
Auff allerley handtirung ge-
macht/durch Adam Risen.

Item auffs new vbersehen vnd
an viel örten gebessert.
M. D. XXXVIII.

19 Titelblatt des zweiten Rechenbuches (1522) von Adam Ries, der „Ziffernrechnung". Auflage von 1538 (Quelle: Verlag H.C.Schmiedicke, Leipzig)

Man kann den Erfolg dieses Rechenbuches von Adam Ries, das doch in Konkurrenz zu vielen anderen Rechenbüchern der Zeit stand, wesentlich mit darauf zurückführen, daß Ries beide Rechenarten als eine methodische Einheit betrachtete, und zwar sogar in dem Sinne, daß er den Weg über das Abakusrechnen zum Ziffernrechnen als pädagogisch besonders vielversprechend ansah, als eine Art Stufenfolge zur Aneignung sicheren Rechnens. Ries hat über diesen methodischen Weg sogar expressis verbis auf Grund seiner Erfahrung als Rechenmeister reflektiert, und zwar im Vorwort seines dritten, des großen Rechenbuches von 1550. Dort heißt es:

FReundtlicher lieber Leser / Ich habe befunden in vnder weisung der Jugent das alle weg / die so auff den linien anheben des Rechens fertiger und laufftiger werden / deñ so sie mit den ziffern die Feder genant anfahen / In den Linien werden sie fertig des zelen / vnd alle exempla der kauffhendel vnd hausrechnung schöpffen sie einen besseren grund / Mügen als denn mit geringer mühe auff den ziffern jre Rechnung volbringen / hierumb hab ich bey mir beschlossen / die Rechnung auff den linien

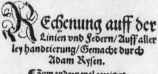

Zu Francfurt, Bei Christian Egenolph.

20 Titelblatt des zweiten Rechenbuches (1522) von Adam Ries, der „Ziffernrechnung". Auflage von 1535. Mit Visierrechnung (Quelle: Verlag H.C.Schmiedicke, Leipzig)

zum ersten zu setzen. Wil die selbe nach der leng erkleren / Hiemit ein jeder andere Rechnung … nicht vberdrüssig werd zu lernen / Sondern die mit lust vnd frölickeit begreiffen müge. [13, Vorwort]

Es war schon die Rede vom dritten, dem großen Rechenbuch. Gemäß seinem Titel soll es hier die Kurzbezeichnung „Praktika" tragen. Der volle Titel lautet:

„Rechenung nach der //lenge / auff den Linihen// vnd Feder.// Darzu forteil vnd behendigkeit durch die Proportio//nes / Practica genant / Mit grüntlichem / vnterricht des visierens.// Durch Adam Riesen.// im 1550 Jar//."

Die „Praktika" erlebte nur eine weitere, die zweite Auflage; sie wurde 1611 von Ries' Enkel Carolus (Karl) Ries herausgebracht. (Die im Anhang beigegebene Visierrechnung ist übrigens äußerst knapp.)

Zu diesem Buch seien noch ein paar interessante Einzelheiten hinzugefügt: Auf dem Titelblatt findet sich das einzige Porträt, ein Holzschnitt, von Adam Ries. Inwieweit es authentisch ist, also

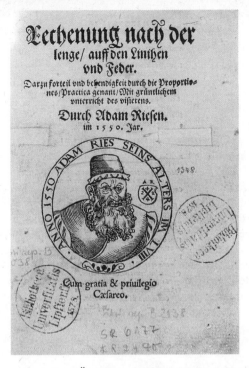

Wⁱkap. B
038

Bibliothek
Universitatis
Lipsiensis
1873

21 Titelblatt des dritten Rechenbuches (1550) von Adam Ries, der „Praktika". Mit Porträt und Andreaskreuz (Foto UB Leipzig)

sein wahres Äußeres wiedergibt, läßt sich nicht sagen. (Übrigens enthalten viele spätere Auflagen des zweiten Rechenbuches im Nachdruck diesen Holzschnitt.) Ries hat die „Praktika", das bei weitem umfangreichste unter seinen Büchern, schon weit früher vollendet und erst nach einem Vierteljahrhundert und mit Mühe zum Druck bringen können, offenbar der hohen Druckkosten wegen. Der sächsische Kurfürst hat die Druckkosten ausgelegt, nachdem Ries, etwas weinerlich und wohl übertreibend, auf seine Armut und seine große Familie hingewiesen hatte. Außerdem erhielt Ries für die „Praktika", nach zweimaligem Antrag, ein Privileg des damaligen deutschen Kaisers Karl V., nachdem Gelehrte der Universität Leipzig das Buch begutachtet und empfohlen hatten.

Die Vorstellung der Riesschen Rechenbücher wollen wir verbinden mit einer Schilderung der von Ries dargelegten Rechenmethoden. Die eine oder andere eingestreute Aufgabe, entnommen aus den Originalen, wird Art, Stil und Reichweite seiner Lehrweise verdeutlichen. Nach der herausragenden historischen Bedeutung des zweiten Rechenbuches werden wir uns auf dieses Werk, also auf die „Ziffernrechnung", hauptsächlich zu stützen haben.

Wir zitieren hier aus verständlichen Gründen vorwiegend nach dem im Karl-Sudhoff-Institut für Geschichte der Medizin und der Naturwissenschaften an der Karl-Marx-Universität Leipzig vorhandenen Exemplar des zweiten Rechenbuches. [17] Es handelt sich um die 69. Auflage (in der Zählung von F. Deubner) von 1581, Frankfurt/M., der das Visierbüchlein von Helm beigegeben ist. Die verschiedenen Auflagen unterscheiden sich nicht substantiell, wohl aber – außer neben den verwendeten Drucktypen – ein wenig in der Schreibweise (z. B. im Gebrauch des Dehnungs-h oder des Doppel-ss), in den jeweiligen Begleittexten wie etwa den Vorworten (Vorrede, „Hinwendung an den Leser"), vor allem aber in der Ausstattung, mit Farbdruck und Holzschnitten.

In vielen Auflagen der „Ziffernrechnung" schickt Ries – ähnlich wie andere Autoren von Rechenbüchern auch – als „Hinwendung an den Leser" ein Gedicht voraus, das, in der tiefen Überzeugung wurzelnd, Gott habe alles nach Maß, Gewicht und Zahl geordnet, den Leser zum Erlernen der Rechenkunst motivieren soll.

ZUM LESER.

PITHAGORAS der sagt für war /
All ding durch zal werd offenbar /
Drumb sih mich an / verschmeh mich nit /
Durchliß mich vor / das ich dich bitt.
Vnd merck zum anfang meine Lehr /
Zu Rechenßkunst dadurch dich ker.
In Zal / in Maß / vnd in Gewicht /
All ding von Gott sind zugericht.
Klerlichen Salomon das sagt /
Ohn Zal / ohn Maß / Gott nichts behagt.
Beschreibt vns auch S. Augustin /
Vnd malet vns frey in den sinn.
Sich sol kein Mensch nichts vnterstehn /
Kein Göttlich / weltlich Kunst begehn
Ohn Rechens art / durch ware Zal /
Bewert ist das in manchem fall.
Ein Mensch dem Zal verborgen ist /
Leichtlich verfüret wird mit list.
Dis nim zu hertzen / bitt ich sehr /

Vnd jeder sein Kind Rechnen lehr /
Wie sichs gegen Gott vnd Welt verhalt /
So werden wir in ehren alt. [15, nicht paginiert]

Andere Auflagen, so auch die von uns hier vorwiegend herange-
zogene, schildern das Anliegen des Rechenbuches nüchterner
und praxisbezogener.

Vorrede in diß Rechenbuch / Adam Risen.

WJe hoch von nöten sey / Arithmetic / vnnd die gantze Mathematische
Kunst / kan man hierauß leichtlich ermessen / daß nichts bestehen mag /
so nicht mir gewisser zahl vnnd maß vereint ist / daß auch kein freye
Kunst ohn gewisse Mensuren vnd Proportion der zahlen seyn mag / Dero-
halben billich Plato / als ein haupt der Philosophen / keinen in sein Schul
oder andern Künsten zugelassen / der der zahl nicht erfaren were / als
dem nicht möglich / jrgendt in einer Kunst zuzunemen / disputirt vnd be-
stendiglich beschleußt / daß ohn Arithmeticam / Musicam / vnnd Geome-
triam / welche in der zahl gegründet / niemandt weise mög genandt werden. Dann diese Kunst / wie Josephus schreibt / nicht von Menschen /
sonder von Gott oben herab gegeben ist. Welches wohl besunnen haben
die Greci / So sie in einem Sprichwort / jrgendts einem groß lob aller künsten zu messen wollten / sprachen: Er kan zehlen. Auch obgenandter
Plato zu einer zeit gefragt ward / wo durch ein Mensch andere Thier vber-
treffe? geantwortet hat / Daß er rechnen kan / vnd verstandt der zahl habe.
Also daß Rechnen ein fundament vnd grundt aller Künste ist / Dann ohne
zahl mag kein Musicus seinen Gesang / kein Geometer sein Mensur voll-
bringē / Auch kein Astronomus den lauff deß Hiēmels erkennen. Dergleichen andere Künst. Jsidorus spricht: Nimb hin die zahl von den dingen /
so vergehen sie. Vnnd es sey kein vnderscheidt zwischen Menschen vñ
vnvernünfftigen Thieren / dañ erkandtnuß der zahl. Derhalben die kunst
deß Rechnens andern freyen Künsten billich fürgesetzet wirdt / Angese-
hen daß andere künst der nicht mangeln mögen. Derhalben hab ich ein ge-
mein leicht Büchlin zusamen / gelesen für junge anhebende Schüler / auff
der Linien vnnd Federn / mit anhangenden schönen Regeln und Exempeln. Anfänglich folgen die Algoristischen Species. [17, Blatt 2, Vs, Rs]

(Zur Erläuterung: ē bedeutet en, ēm bedeutet mm, ñ in dañ heißt dann,
soviel wie denn. – „Fürgesetzt", heißt soviel wie „vorangeschickt, vorange-
stellt".)

Ohne irgendeine weitere Vorrede werden dann die indisch-arabischen Ziffern („Figuren") eingeführt. Das Schriftbild der Ziffern
gleicht schon vollständig den heute in Mitteleuropa verwendeten.

Numerirn

HEißt zehlen / Lehret wie man jegliche zahl schreiben vnd außsprechen
soll / Darzu gehören zehen Figuren / also beschrieben /
1.2.3.4.5.6.7.8.9.0. [17, Blatt 3, Vs]

Natürlich muß er die Funktion der Null besonders herausheben. Jedoch kann man aus der relativ knappen Formulierung schließen, daß seine Leser – also im ersten Drittel des 16. Jahrhunderts – den Umgang mit der Null schon nicht mehr als außergewöhnlich schwierig, aufregend oder gar mystisch empfanden. Andererseits lag eben in der ausschließlichen Verwendung der indisch-arabischen Ziffern das in die Zukunft Weisende und mag erheblich zum Erfolg der Riesschen Bücher beigetragen haben. Er schreibt:

Die ersten neun (Figuren, Wg) seind bedeutlich / Die zehend gilt allein nichts / sondern so sie andern fürgesetzt (also rechts beigefügt, Wg) wirdt / macht sie dieselbigen mehr bedeuten. [17, Blatt 3, Vs]

Dann führt Ries, modern gesprochen, das Positionssystem ein. An der ersten Stelle von rechts („gegen der rechten Handt") bedeuten die Ziffern „sich selbs", „an der andern gegen der lincken Handt" die Zehner, usw.

Seind aber mehr dann vier ziffer vorhanden / so setze auff die vierdte ein pünctlein / als auffs tausendt / Vnd heb gleich allda wiederumb an zuzehlen/eins/zehen / etc. biß zum ende. Als dann sprich auß / so viel punct vorhanden / so manchs tausendt nenne. [17, Blatt 3, Vs. Rs]

Da Ries im Gebrauch der Zahlworte nur bis tausend voranschreitet, geraten die Zahlen in verbaler Form zu Wortungeheuern. Sein Beispiel lautet:

$$8\,6\,7\,8\,9\,3\,2\,5\,1\,7\,8$$

Ist sechß vnd achtzig tausent tausent mal tausent / siben hundert tausentmal tausent / neun vnd achtzig tausent mal tausent / drey hundert tausent / fünff vnd zwentzig tausent / ein hundert acht und sibentzig. [17, Blatt 3, Rs]

(Ries verkürzt also nicht zu siebenhundertneunundachtzig tausend mal tausend!) (Im beigegebenen Visierbüchlein von Helm dagegen wird das Zahlwort „Million" verwendet: „Item ein Million gulden ist 1 000 000 gulden." [17, Blatt 111, Rs]
Dann folgt die Erläuterung, wie die Null im Innern der Zahlen verwendet wird:

Kompt dir deñ ein zahl zu schreiben / so schreib das meist zum ersten / wirdt aber außgelassen das tausent/hundert/zehen oder eins / so setz an dieselbig statt ein 0 / wie hie zu schreiben / fünff vnd zwentzig tausent/ vnnd/siben vnd dreyssig / setz 25037. Also wirdt für das hundert ein 0 geschrieben. [17, Blatt 3, Rs]

[In der „Praktika" gibt Ries zur Verdeutlichung der Rolle der Null darüberhinaus Beispiele an:

Numerirn/Zelen.
Zehen sind figurn/darmit ein jede zahl geschrieben wird / sind also gestalt. 1.2.3.4.5.6.7.8.9.0.
Die ersten neun bedeuten/die zehend als 0 gibt in fürsetzung mehr bedeutung/gilt aber allein nichts / wie hie 10.20.30.40.50.60.70.80.90. als Zehen, Zwentzig, Dreißig etc. Werden zwey 0 fürgesatzt / so hastu hundert vorhanden ·/ also 100.200.300.400.500.600.700.800.900. Werden drey 0 fürgesatzt / so hastu tausent / nemlich 1000.2000.3000. [13, Blatt 2, Vs]]

Nach dieser Einführung der Ziffern folgt die Hinwendung zum Abacus-Rechnen, zum Rechnen auf den Linien. Zunächst wird das Prinzip eines Rechenbrettes beschrieben, unter der Überschrift

Von der Linien
Die erste vnd vnderste bedeut eins / die ander ob jr zehen / die dritt hundert / die vierdt tausent /. Also hinfurt die nechst darüber allweg zehen mal mehr denn die nechste darunder / vnd ein jegliches spacium (Zwischenraum, Wg) gilt halb so viel / als die nechst Linien darüber / Als folgende figur außweiset. [17, Blatt 3, Rs]

Es schließen sich die Beschreibungen an, wie man auf dem Rechenbrett die Grundrechenarten ausführt; Ries kennt – alter Tradition gemäß – sechs Grundrechenarten: Addieren (oder Summieren), Subtrahieren, Duplieren (Verdoppeln), Medieren (Halbieren), Multiplizieren und Dividieren.

Zur Ausführung der Rechenoperationen bedarf es – sowohl auf dem Rechenbrett als auch beim schriftlichen Rechnen – einiger Fertigkeiten im Kopfrechnen. Also schiebt Ries, pädagogisch geschickt, in die Anweisung zum Multiplizieren eine Tafel mit dem Einmaleins bis 9 mal 9 ein. Es folgt eine Textprobe:

Multiplicirn
HEißt viel machen / oder manigfaltigen / vnd lehret wie man ein zahl mit jhr / oder einer andern vielfältigen soll / vnnd du mußt für allen dingen das einmal eins wol wissen / vnd außwendig lehrnen / wie hie: [17, Blatt 7, Vs]

Es folgen das Einmaleins und dann die Rechenanleitungen, erst zum Multiplizieren, dann zum Dividieren auf den Linien. Als Proben werden die jeweiligen Umkehroperationen vorgeschlagen. Insgesamt aber ist die Unterweisung im Rechnen auf dem Abacus

Rechenbüchlin

manchs tausendt rc.nne. Das hundert/ das ist/ die dritte figur nimb allein in benennung / Als dann die erste vnd ander mit einander / wie hie folgt.

3 6 7 8 9 3 2 5 1 7 8

Ist sechs vnd achtzig tausent / tausent mal tau-sent /siben hundert tausent.mal tausent / neun vnd achtzig tausent mal tausent/ drey hundert tausent/fünff vnd zwentzig tausent / ein hundert acht vnd sibentzig.

Kompt dir denn ein zahl zu schreiben /so schreib das meist zum ersten/wirdt aber auß-gelassen das tausent/hundert/zehen oder eins/ so setz an die selbig statt ein o/wie die zu schreiben/ fünff vnd zwentzig tausent / vnnd siben vnd dreyssig/ setz 25037. Also wirdt für das hundert ein o ge-schrieben.

Von den Linien.

Die erste vnd vnderste bedeut eins/ die ander ob ir zehen/ die dritt hundert/ die vierdt tausent. Also hinfur die nechst darüber allweg zehen mal mehr denn die nechst darunder/vnd ein jegli-ches spacium gilt halb so viel/ als die nechst ein-ten darüber/Als folgende figur außweiset.
100000

2. am Risen.

100000	— 6 —	Hundert tausendt
50000		Fünfftzig tausendt
10000	— 5 —	Zehen tausendt
5000		Fünff tausendt
1000	X	Tausendt
500		Fünff hundert
100	— 3 —	Hundert
50		Fünfftzig
10	— 2 —	Zehen
5		Fünff
1	— 1 —	Eins
½		Ein halbs.

Addiren oder Summiren

Eist zusamen thun/ lehret wie man viel vnd mancherley zahlen von gülden/gro-schen/pfenning vnd hellern in eine sum-ma bringen soll. Thu im also: Mache für dich Linien/die theil in so viel selb/als Müntz vorhan-den/lege die fr. besonder/gro. allein / $. vnd hel-ler auch jeglich allein / hlr. vnd $. mach zu gro. was kompt leg zu den gro. Als dann mach die gro. zu fr. leg es zu den andern gülden / nach art eines jeglichen landes.

Auch soltu mercken/wenn fünff $. auff einer Linien ligen/daß du sie auffhebest /vñ den fünff-ten in das nechste spacium darüber legest.

22 In der „Ziffernrechnung" geht Ries über von der Einführung der in-disch-arabischen Ziffern zur Beschreibung des Linienrechnens [17, Blatt 3, Rs, Blatt 4, Vs]

relativ knapp (auf 12 Seiten) dargestellt, wenigstens im Vergleich zu anderen Rechenbüchern vom Anfang des 16. Jahrhunderts. Beginnend auf Blatt 9, Rückseite, werden die Regeln des Rech-nens mit den Ziffern auseinandergesetzt.

Folgen die Species mit Federn oder Kreiten in Ziffern zu rechnen.

Die Regeln entsprechen schon weitgehend den von uns heute verwendeten Formalismen; multipliziert wird von rechts nach links. Als Probe wird, neben dem Verweis auf die jeweilige Um-kehroperation, die Neunerprobe herausgestellt. Doch erwähnt Ries an dieser Stelle nicht, daß die Neunerprobe nicht absolut zu-verlässig ist. (Man kann sich immer noch um Vielfache von Neun verrechnet haben.) Hier sei die Neunerprobe aus der „Ziffern-rechnung" zitiert; wir würden sagen, daß bei Division durch 9 das Produkt der Reste der Faktoren gleich dem Rest des Produktes sein muß:

… nimb die Prob von beyden zahlen / von jeder insonderheit / multipli-cirs mit einander / wirff 9. hinweg als offt du magst / das bleibende behalt für dein Prob / kompt dann von der Vndern zahl (dem Produkt, das bei der Rechnung untenstehend erscheint, Wg) / die auß dem multipliciren kommen ist / auch so viel / so hastu es recht gemacht. [17, Blatt 13, Rs]

Die Neunerprobe – Ries verwendet übrigens an anderen Stellen bevorzugt auch die Siebenerprobe – nimmt bei Ries eine herausragende Stellung ein. Auf diese Seite hat H. Deubner in einer speziellen historischen Studie [47] aufmerksam gemacht.

Die Neunerprobe hat eine lange Geschichte. Sie ist (spätestens) schon bei al-Chwarizmi nachweisbar, war indischen Mathematikern bekannt, läßt sich in Europa bereits bei Leonardo Fibonacci feststellen und ist wegen ihrer leichten Ausführbarkeit bei Rechenmeistern und in Rechenbüchern fast überall zu finden. In diesem Sinne stellt der Gebrauch der Neunerprobe durch Ries keine Besonderheit dar. Zwei Aspekte aber bedürfen der besonderen Erwähnung; hier finden sich auf Ries bezügliche Sonderheiten.

Ries geht in der 1524 vollendeten ersten „Coß" auf die Neunerprobe ausführlich ein. Sie sei ihm zwar am liebsten, doch empfehle er, sie durch die Siebenerprobe zu ergänzen. Er schreibt:

Nun soltu wissen das die altenn Meyster Vnsere vorfarenn Vnd erfinder diße kunst gebraucht haben eyn gemeyne prob. In dißem Algorithmo die mir am besten behagt auch die gewißte ist das eyne species die andere probirtt Alß do ist Subtractio proba Addicionis ... Weyter soltu wissen das die Nachkommenden andre Zwu probenn eyngefurtt haben darmit probirtt alle species In dißem Algorithmo Alß mit 9 vnnd 7 ... [I, S. 10]

H. Deubner weist übrigens darauf hin [47, S. 482], daß Ries an einem Beispiel in der „Coß" nachweist, daß diese Proben nicht unbedingte Sicherheit gewähren.

In der „Coß" wird auch ausführlich vorgeführt, wie die Neunerprobe mit Hilfe des sog. Andreaskreuzes, einem liegenden Kreuz, in einem Rechenschema festgehalten wird, so wie es die Mehrzahl der damaligen Rechenmeister tat. Ries wählt als Beispiel die Addition von 8796 zu 7869 mit der Summe 16 665. Der Text lautet:

Mach ein creutz zum ersten also $\times$ Nim die prob von der obernn Zal alß von 7869 ist 3 (Bei der Division von 7869 durch 9 erhält man den Rest 3, die „prob", Wg) setz in ein veld des creutz also $3\times$ Nun nim die proba von der andernn Zal das ist von 8796 Ist auch 3 setz vff das ander veldt neben vber also 3×3 Addir nun zusammen 3 vnd 3 wirtt 6 setz oben wie hi $3\overset{6}{\times}3$ Wenn aber vber 9 komen so mustu 9 hinwegkgenumen habenn vnd das vberig für die prob gesetzt haben / so du nun die prob von beyden Zalen oben gesatzt genumen vnd zusamen addirt hast so Nime alßdann die prob auch von dem das do auß dem addiren komen ist Das ist von der vnderstenn Zal vnder der linihen als hir ... 16665 Nim hinwegk 9 so oft du magst pleibn 6 vberig die setz vnden in das ledige feltt Ist gleich souil sam oben stett vnd so weniger aber meher komen wer so hettestu ein nicht recht gethann sonder statt wie hi $3\!\!\times\!\!3$.

Und er fügt hinzu, das gleiche solle man mit 7 probieren. [I, S. 11/12]

Merkwürdigerweise tritt das Andreaskreuz nicht im großen Rechenbuch von 1550, der „Praktika", auf. Andererseits aber zeigt der Titelholzschnitt ein solches Andreaskreuz $2\!\!\times\!\!2$, ein Umstand, der aus Unkenntnis der „Coß" zu den verschiedenartigsten Spekulationen und Interpretationen geführt hat. Die Deutung, daß 2 mal 2 eben vier sei, ist unter Beachtung des großen Wertes, den Ries der Neunerprobe und überhaupt dem Andreaskreuz zugemessen hat, jedenfalls zu verwerfen. Und da, wie H. Deubner gefunden hat [47, S. 885], Ries Quittungen, die in Dresden aufbewahrt werden, mit dem Andreaskreuz $2\!\!\times\!\!2$, „mitt unsern gewonlichen petzschafften ... bekreftigett" hat, so darf man das Andreaskreuz als ein von Ries häufig verwendetes Siegelzeichen, als Petschaft, als eine Art individuelles Berufswahrzeichen verstehen.

Nach diesen Einflechtungen über Adam Ries und die Neunerprobe kehren wir zur Analyse des zweiten Rechenbuches, der „Ziffernrechnung", zurück. Nach der Probe bei der Division folgt ein kurzes Kapitel, das sich beschäftigt mit der Behandlung der „Progressio", in heutigen Worten, mit der Summation einer arithmetischen Reihe:

LEhret in ein Summa zu bringen Zahlen / die nach einander folgen inn natürlicher ordnung oder gleichen mitteln.

Sofort folgt die Regel zur Berechnung der Summe, der Leser kann das bequem nachrechnen:

Thu jhm also: Addir die erste zal der letzten / was darauß wirdt / mach halb / so du magst (kannst, Wg) vnd multiplicir durch (mit, Wg) die zahl der statt (Glieder, Wg) so hastu wie viel die angegebenen zahlen in einer Suͦm machen / Magstu nicht / so medir die zahl der statt / vnnd multiplicir damit / [17, Blatt 15, Rs]

Am Ende des Kapitels verzichtet Ries – mit dem Verweis auf später vorgesehene Darstellung der Visierrechnung und der Coß – ausdrücklich auf die Behandlung des Wurzelziehens:

Die Wurtzel / den Quadraten / vnnd Cubic außzuziehen / wil ich hie beruhen lassen sonder zu seiner zeit / so ich das Visiern / vnd etliche Regeln der Coß erzehle / gnugsam erklären. [17, Blatt 16, Vs]

Der Reihensummierung schließt sich die Dreisatzrechnung an:

Regula Detri.

ISt ein Regel von dreyen dingen / Setz hinden das du wissen wilt / wirdt die Frag geheissen. Das jhm vnder den andern zweyen am Namen gleich ist / setz forn / Vnd das ein ander ding bedeut / mitten.
Darnach multiplicir das hinden vnnd mitten durch ein ander / das darauß kompt theile ab mit dem fordern / so hastu wie theuwer das dritte kompt / vnnd dasselbige ist am Namen gleich dem mitteln / [17, Blatt 16, Vs. Rs]

Eine kurze Erläuterung scheint angebracht, da die Riessche Sprachführung ein wenig von der unseren abweicht: Es werden also wirklich drei Dinge „gesetzt", auch im Drucktechnischen, in der äußeren Gestalt des Rechenverfahrens.

„forn"	„mitten"	„hinden"
[Zahlenangabe	[Zahlenangabe,	[„Frag",
mit derselben	andere Bezeichnung	Zahlenangabe,
Bezeichnung wie	als bei der „Frag"]	Bezeichnung wie
die „Frag"]		„forn"]

Diese entspricht unserem Ansatz in Form einer Proportion:
$$\text{forn}: \text{mitten} = \text{hinden} : x.$$

Dann wird das Produkt aus „hinden" und „mitten" gebildet und dieses durch „forn" dividiert; dieses Zahlenergebnis trägt dieselbe konkrete Angabe („Namen") in Maßeinheiten wie die gesuchte Größe: die Lösung ist gefunden.

Ries übt den Dreisatz an Hand einer Folge von Aufgaben ein; in der zitierten Ausgabe sind es 41. Gesucht werden u. a. Geldsummen für allerlei Waren wie Tuch, Gewürze, Getreide, Hering, Wein, Zinn, Wachs, u.a.m. Die Probe wird durch Umkehrung des Rechenganges („verkehr die Regel") vorgenommen. Das im folgenden angegebene Beispiel wird von Ries als erstes zur Erläuterung seiner Regel verwendet:

Auff Meißnische werung / den fr. (Gulden, Wg) für 21. groschen / den groschen für 12. dr (Pfennig, Wg) gerechnet.

Item 32. Elen Tuchs für 28. fr. wie komen 6. Elen? Facit 5. fr. 5. groschen /
3. dr. Setz also:

Elen	fr.	Elen
32	28	6

[17, Blatt 16, Rs]

Dem Abschnitt über die Regeldetri schließt sich eine kurze, zunächst ziemlich abstrakt gehaltene Bruchrechnung an. [17,
Blatt 22, Rs bis Blatt 24, Vs] Ries verwendet die Worte „Zehler"
und „Nenner", gebraucht den Bruchstrich und setzt die Rechenregeln mit Brüchen auseinander, immer an Beispielen, gelegentlich
etwas umständlich, aber doch ganz so, wie wir heute rechnen. Im
Prinzip hat Ries nun – bis auf die Regula falsi, auf die noch eingegangen werden soll – die mathematischen Grundlagen bereitge-
stellt, um seinem Leser eine Fülle von Aufgaben in exemplari-
scher Behandlung darbieten zu können.

Freilich fehlt noch eine Instruktion über die unterschiedlichen

23 Übungsaufgaben
zum Einüben der
Dreisatzrechnung
aus der „Ziffernrech-
nung" von Adam
Ries [17, Blatt 26,
Vs]

Unterteilungen bei den Währungen, Maßen, Gewichten und Wa-
renarten. In der hier zitierten Ausgabe [17] stehen diese Angaben,
ohne die man niemals hätte praktisch rechnen können (und ohne
die der heutige Leser überhaupt kaum ein Riessches Beispiel
nachvollziehen könnte), am Ende des Büchleins. [17, Blatt 98, Rs
bis Blatt 111, Rs]
Aufgeführt werden unter anderem Frankfurter Münze (Gulden,
Schilling, Pfennig), Maß (Ohm, Viertel, Fuder), Feldmaß (Schuh,
Rute, Morgen, Hubland), Gewicht (Zentner, Pfund), Schilling in
Gold, Schilling in Hellern; Münze in Nürnberg, Franken, Thürin-
gen und Meißen (in Gulden, Pfennig, Pfund, Groschen, Batzen,
Kreuzer), Münze in Schwaben, Wien und Österreich, Hohlmaße
anderer Gegenden (u. a. Eimer); Tage, Wochen, Stunden, Minuten und Sekunden in einem Jahr und im Schaltjahr; Gewichtsanga-
ben (Pfund, Lot, Pfennig, Mark, Karat, Gran); spezielle Maßanga-
ben für Eisenwaren, Papier, Hering, Tuch, Felle, Buchumfang,
u. a., zum Teil Maßeinheiten, die sich nur noch in Teilbereichen
(15 Stück Eier bilden eine Mandel) erhalten haben.
Die von Ries vorgeführten Aufgaben bieten ein ungemein plasti-
sches Bild der gesellschaftlichen Stellung der Rechenkunst im
Handel, bei Lohnberechnungen, im Erbrecht, bei Geldaustausch,
im Münzwesen. Gehandelt wurde – die Folge dieser Themen ist
authentisch – mit Tuch, Wachs, Hühnern, Leder, Fellen, Eisenwaren, Barchent, Satin, Damast, Zwiebelsamen, Wein, Viehfutter,
Ochsen, Pfeffer, Ingwer, Safran, Kalmus, Mandeln, Baumwolle,
Lorbeerblatt, Weinstein, Alaun, Feigen, Wolle, Unschlitt, Honig,
Seife, Samt usw., usw.
Einige Aufgabengruppen sind inhaltlich, nach Sachgebieten, ge-
ordnet: Gewinn- und Verlustrechnung, Vergleich von Gewichten,
Geldwechsel, Gewandrechnung, Legierungen, Gesellschaftsrech-
nung (darauf wird noch einzugehen sein), Warentausch (Stich),
Viehkauf, Silber- und Goldrechnung und anderes mehr. Einige
Beispiele sollen ein wenig historisches Kolorit vermitteln.

Knechtlohn.

Item ein Jar gibt man einem Knecht 10. fl. (Gulden, Wg) 16 groschen / wie
viel gebürt jhm 17. wochen?

Facit 3 fl. 10. groschen / 10 ℥ (Pfennig, Wg) ein heller / $\frac{3}{13}$ Mach die fl. zu

groschen / vnnd setz also: 52   226 gro. / 17   [17, Blatt 25, Rs]

Verwendet werden Dreisatz und Bruchrechnung. Der Gulden (fl) wird zu 21 Groschen, der Groschen zu 12 Pfennig (₰), der Pfennig zu 2 Heller, das Jahr zu 52 Wochen gerechnet. Ries empfiehlt, die Gulden in Groschen umzurechnen. Es wird einfacher, wenn man – da man die von Ries beigegebenen Tafeln nicht zur Verfügung hat – die Jahreslohnsumme in Heller umrechnet.
Es folgt ein Beispiel aus dem Abschnitt „Gewandt Rechnung".

ITem / einer kauffet zween Säum Gewandt zu Bruck in Flandern / kost ein Tuch 13 flo. (Gulden, Wg) ein halben / helt ein Saum 22. Tuch / kosten mit fuhrlohn biß gen Preßburg in Vngern 34 fl. Allda gibt er ein Tuch für 12. fl. vierdthalben orth Vngerisch / vnd 100. Vngerisch thun 136. fl. ein orth Rheinisch.
Facit gewinn am Rheinischen Golt 143 fl. 17. ß (Schilling, Wg) vnnd anderthalben hlr. Oder am Vngerischen Golt gewinnet er 105. Vngerisch / 15 ß. 10. hlr. vnd ein halben. [17, Blatt 42, Vs]

Dabei wird ein Saum zu 22 Tuch gerechnet. Ein Goldgulden hat 20 Schilling. Orth oder ort bedeutet soviel wie ein Viertel von Geldmengen oder anderen Maßeinheiten.
Den frühkapitalistischen Wirtschaftsverhältnissen entsprechend behandelt Ries sog. Gesellschaftsrechnungen. Eine Gruppe von Menschen tut sich zusammen, um gemeinsam etwa einen Handel abzuschließen oder Profit bei Kauf und Verkauf zu erzielen. Da die Personen unterschiedliche Kapitalmengen einbringen, soll ausgerechnet werden, wieviel jeder vom Gewinn erhält oder vom möglichen Verlust tragen muß. Dabei verwendet Ries den Dreisatz:

Von Gesellschaften und Theilungen.

ITem / jr drey machen ein Gesellschafft also / der erste legt 123. fr (Gulden, Wg). Der ander 536. Vnnd der dritt 141. haben gewunnen 130. fr. wie viel gebürt jeglichem? Facit dem ersten vom gewin 19. fr. 19. ß (Groschen, Wg). 9. heller. Dem andern 87. fl. (Gulden, Wg). 2. ß. Vñ dem dritten 22. fr. 18. ß. 3. hlr. Machs also: Setz hinden wie viel ein jeder in sonderheit gelegt hat / summir solches / vnnd was da kompt schreib forn / ist dein theiler / vnnd den gewinn mitten / also:

$$800 \quad 130. \text{ fr.} \quad \begin{cases} 123 \\ 536 \\ 141 \end{cases}$$

Rechen einen nach dem andern / so kompt einem jeden sein facit / wie oben bestimpt. [17, Blatt 52, Vs]

Und schließlich soll noch eine Aufgabe zum Viehkauf eingestreut

Von Gesellschafften
vnd Theilungen.

Item /ir drey machen ein Gesellschafft also/ der erste legt 123. fr. Der ander 536. Vnnd der dritt 141. haben gewunnen 130. fr. wie viel gebürt jeglichem? Facit dem ersten vom gewinn 19.fr.19.ß.9.heller. Dem andern 87.fl.2.ß. Vn dem dritten 22.fr. 18. ß.3. hlr. Machs also: Setz hinden wie viel ein jeder in sonderheit geleat hat / summir solches / vnnd was da kompt schreib forn / ist dein theiler / vnnd den gewinn mitten/also:

$$800 \qquad 130.fr. \left\{ \begin{array}{l} 123 \\ 536 \\ 141 \end{array} \right.$$

Rechen einen nach dem andern/ so kompt einem jeden sein facit/wie oben bestimmt.

G iiij Item

24 Eine Aufgabe zur Gesellschaftsrechnung von Adam Ries [17, Blatt 52, Vs]

werden; der Leser wird Hochachtung vor Ries und den Fähigkeiten seiner Schüler erlangen.

Diese Aufgabe gehört übrigens zu einem sehr alten Aufgabentyp (bei Ries ebenfalls als Regula Cecis oder Regula Virginum bezeichnet; die Herkunft der Bezeichnung ist unklar), der bis in die chinesische Mathematik des 5. Jhs. u. Z. zurückzuverfolgen ist. Es handelt sich um unbestimmte Probleme, deren Lösung ganzzahlig sein muß. Zum selben Typ gehören auch die sog. Zechenaufgaben, die sich auch bei Ries finden: Eine Anzahl von Personen kann eine bestimmte Geldsumme in einem Wirtshaus ausgeben; da die Personen – aus sozialen Gründen etwa – nicht gleichberechtigt oder gleich zahlungsfähig sind, können sie nur unterschiedliche Anteile der Gesamtzeche übernehmen. (Vgl. dazu [60, S. 613ff].)

Vihekauff.

ITem / einer hat 100. fr. dafür wil er 100. haupt Vihes kauffen / nemlich /

Vihekauff.

JTem / einer hat 100. fl. dafür wil er 100.
haupt Vihes kauffen / nemlich / Ochsen/
Schwein/Kälber/ vnd Geyssen / kost ein Ochs
4. fl. ein Schwein anderthalben fl. ein Kalb
einen halben fl. vnd ein Geyß ein ort von einem
fl. wie viel sol er jeglicher haben für die 100. fl.?
Machs nach den vorigen/ mach eines jeglichen
kosten zu örtern/ deßgleichen die 100. fl. vnd setz
als dann also:

	16	15	
100	6	5	400
	2	1	
	1		

Multi.

25 Die Viehkauf-
Aufgabe aus der
„Ziffernrechnung"
[17, Blatt 71, Vs]

Ochsen/Schwein/Kälber vnd Geyssen / kost ein Ochs 4. fr. ein Schwein
anderthalben fr. ein Kalb einen halben fr. vnd ein Geyß ein ort (Viertel,
Wg) von einem fr. wieviel sol er jeglicher haben für die 100. fr.? Machs
nach den vorigen / mach eines jeglichen Kosten zu örtern / deßgleichen
die 100. fr. vnd setz als dann also:

	16	15	
100	6	5	400
	2	1	
	1		

Multiplicir 1. mit 100. kommen 100. die nimb von 400. bleiben 300. darauß mach drey theil / daß jeglicher gleich mit seinem theiler mag auff gehaben werden / als 180. 100. vnnd 20. Theil jegliche zahl in seiner thei-
len / kommen 12. Ochsen / 20. Schwein / vnd 20. Kälber. Summir zusamen
Ochsen/Schwein / vnd Kälber / werden 52. die nimb von 100. bleibt 48. so
viel seind der Ziegen gewesen. Wiltu nun probirn / ob du es recht gemacht hast / so rechne wie vil jeglichs Vihe in sonderheit kost / vnd sum-
mire zusamen / so kommen gerad 100. fr. vnd also mach dergleichen. [17,
Blatt 71, Vs, Rs]

Der Leser möge die nachfolgende Interpretationshilfe akzeptieren: Wenn o, s, k und g die Anzahlen der gesuchten Ochsen, Schweine, Kälber und Geißen (Ziegen) bedeuten, so gelten in moderner Schreibweise die Gleichungen

$$4\,o + \frac{3}{2}\,s + \frac{1}{2}\,k + \frac{1}{4}\,g = 100 \quad \text{(Geldrelation)}$$

$$o \ + s \ + k \ + g \ = 100 \quad \text{(Anzahlrelation)}.$$

Durch Subtraktion der unteren Gleichung von der oberen, die mit 4 multipliziert worden ist und dann für g denselben Koeffizienten hat, gewinnt man die Gleichung

$$15\,o + 5\,s + k = 300.$$

Der Leser vergleiche das Rechenschema bei Ries; diese Koeffizienten treten dort ebenfalls auf. Dann wird eine Zerlegung gesucht (Ries: „darauß mach 3 teyl"), so, daß 300 in drei Summan-

26 Lösung der Viehkauf-Aufgabe von Adam Ries. Handschriftlich eine zweite Lösung [17, Blatt 71, Rs]

den zerlegt wird, daß der erste durch 15, der zweite durch 5 und der dritte durch 1 teilbar ist (Ries: „das jeglicher gleich mit seinem teyler mag auff gehaben werden"). Eine solche Zerlegung ist etwa $15.12 + 5.20 + 1.20 = 300$ (Ries: „als 180/100 vnd 20 teyl"). Der Rest ist glatt verständlich. – Natürlich ist die Lösung nicht eindeutig; eine andere liefert 14 Ochsen, 12 Schweine, 30 Kälber und 44 Ziegen. (Diese andere Lösung ist in der hier zitierten Ries-Ausgabe [17] von fremder, unbekannter Hand eingetragen.) Ries gibt nur die erste Lösung an.

Die Behandlung der „Regula falsi", ebenfalls uraltes mathematisches Traditionsgut, macht auch in den Riesschen Rechenbüchern einen erheblichen Anteil aus und wird an Hand vieler Beispiele eingeübt.

Die „Regel des falschen Ansatzes" – nachweisbar bereits in der babylonischen, der alten chinesischen, indischen und weitverbreitet in der mittelalterlichen nichteuropäischen und europäischen Mathematik – stellt eine Art systematischen Probierens dar zum Lösen von Aufgaben; wir würden heute eine Gleichung ansetzen, also algebraische Methoden verwenden. Diese aber hat Ries seinen Lesern – in den Rechenbüchern – nicht zugemutet. Die „Regula falsi" ist gut handhabbar und führt zum Ziel; die Auflösung von Gleichungen erfordert dagegen algebraische Denkweisen, die den auf die Rechenkunst orientierten Praktikern nicht vertraut waren. Sehen wir uns dies an Hand eines Beispieles an. •

In der „Ziffernrechnung" findet sich im Abschnitt „Regula falsi oder Position" [17, Blatt 57, Rs, ff] u. a. die folgende Aufgabe:

Item / einer spricht: Gott grüß euch Gesellen alle dreyssig. Antwort einer / wann vnser noch so viel vnd halb so viel weren / so weren vnser dreyssig. Die frag / wie vil jhr gewesen? [17, Blatt 58, Vs]

Wir würden für diese Aufgabe heute die Gleichung

$$x + x + \frac{x}{2} = 30 \text{ ansetzen; sie hat die Lösung } x = 12.$$

Gerade dies aber will Ries seinen Lesern ersparen, aus methodischen Gründen. Aber wir finden sogar in den Rechenbüchern Hinweise, daß Ries sich auch als Cossist empfand und sich den Lesern seines großen Rechenbuches, der „Praktika", in diesem Sinne empfehlen wollte. So heißt es in der „Praktika":

Wil allhie nach einander setzen die exempla / so ich zuvor in meinem Büchlein angezeiget / vnnd die nach notturfft (Bedarf, Wg) erkleren / hiemit ein jeder die Cos desto leichter begreiffen mag / welche ich ob Gott wil / mit der Zeit auch klerlich (klar geschrieben, Wg) am tag geben wil. [18, Blatt 167, Rs]

In den Rechenbüchern aber verzichtet Ries auf die Einführung cossischer Symbole und den expliziten Gebrauch algebraischer Denkweisen. Statt dessen bietet er als Lösungsmethode die Regula falsi an, in Form einer Rechenanweisung:

WIrdt gesatzt von zweyen falschen zahlen / welche der auffgab nach / mit fleiß examinirt sollen werden / in massen das fragstück begeren ist / sagen sie der warheit zu viel / so bezeichne sie mit dem zeichen + plus / wo aber zu wenig / so beschreib sie mit dem zeichen − minus genandt. Als dann nimb ein lügen von der andern / was da bleibt / behalt für den theiler / multiplicir darnach im Creutz ein falsche zahl mit der der andern lügen / nimb eins vom andern / vnnd das da bleibt theil ab mit für gemachtem theiler / so kompt berichtung der frag.
Leugt aber ein falsche Zahl zu viel / vnnd die ander zu wenig / so addir zusammen die zwo lügen / was da kompt / ist dein theiler. Darnach multiplicir im Creutz / addir zusammen vnnd theil ab / so geschicht aufflösung der frag / als folgendt Exempel gründtlich erleutert werden. [17, Blatt 57/58, Rs/Vs]

Für die oben angegebene Aufgabe „Gott grüß Euch ..." schildert Ries den einzuschlagenden Rechengang folgendermaßen:

Mach es also: Nimb für dich ein zahl / die in halb getheilt mag werden / als 16. Examinir die / sprich / 16. aber 16. vnnd halb 16. als acht machen in einer summa 40. solten 30. seyn / leugt zu viel 10. Setz derhalben jhr sind 14. gewesen. / sprich / 14. aber 14. vnd 7. macht / zusamen 35. leugt zu viel 5. vnd steht also:

$$\begin{matrix} 16 + 10 \\ 14 + 5 \end{matrix} \ 5$$

Nimb 5. von 10. bleiben 5. der theiler / darnach multiplicir im Creutz / nimb eins vom andern / vnd theil ab / so kommen 12. so viel sind der Gesellen gewesen. [17, Blatt 58, Vs, Rs]

Die im Text wiedergegebene Rechnung ist ohne weiteres nachzuvollziehen. Doch Ries klärt seine Leser nicht über die dahinterliegenden mathematischen Sachverhalte auf, insbesondere verweist er nicht darauf, daß die Methode nur für lineare Probleme die richtige Lösung liefert.
Bezeichne x_o die richtige Lösung der Gleichung, dann ist

$mx_0 + n = 0$. Die probeweise angesetzten Zahlen x_1 und x_2 ergeben die „Lügen" $mx_1 + n$ und $mx_2 + n$. Dann ist, gemäß der Rechenanleitung von Ries, die Differenz $x_2 (mx_1 + n) - x_1 (mx_2 + n)$ durch die Differenz der Lügen, durch $mx_1 + n - mx_2 - n$ zu teilen. Man erhält als Bruch $-\dfrac{n}{m}$. In der Tat hat die Gleichung $mx_0 + n = 0$ die Lösung

$$x_0 = -\frac{n}{m}.$$

Des gerechten Urteils wegen über Ries sei hier eine Aufgabe aus der „Coß" des Adam Ries angeführt, die eine ähnliche Aufgabe, aber mit algebraischen Mitteln, mit Gleichungsansatz behandelt. Ries war sowohl ein vorzüglicher Rechenmeister als auch ein erstklassiger Cossist. (Wir kommen noch ausführlich darauf zurück.) Die Aufgabe lautet, samt Lösung, folgendermaßen:

Item Eyner komet Zw Jungkfrawenn sprechende got grus euch all 84 Antwurt eyne vnder in vnser ist nicht souil So aber vnser noch souil vnd halbsouil wernn / so werrn vnser vber bemelte Zal sam itzt darunder. Nun frage ich wiuil der Jungkfrawenn gewesen sein. Machs also setz ir sein gewesenn 1 ɣ Der ist nun wenig Dann 84 Hirumb Nim 1 ɣ von 84 pleiben 84 ÷ ɣ

Nun spricht die ein Jungkfraw Wen vnser noch souil vnnd halb souil sumir 1 ɣ / 1 ɣ vnd $\frac{1}{2}$ ɣ werden $2\frac{1}{2}$ ɣ Das ist nun vber 84 souil sam vor darunder Nim 84 von $2\frac{1}{2}$ ɣ pleiben $2\frac{1}{2}$ ɣ ÷ 84 φ gleich 84 φ ÷ 1 ɣ Gibe zu das do zw wenigk ist auff beyden teylen vnd volfüre es komen dir 48 souil seint der Jungkfrawen gewesenn [I, S. 209]

In moderner Schreibweise handelt es sich um die Auflösung der Gleichung $2\frac{1}{2}x - 84 = 84 - x$. Die Probe wird bei Ries verbal vorgenommen:

Das probir also Nim 48 von 84 pleiben 36 Die seint weniger dan 84 Nun sprich 48/48 vnd 24 Macht Zwsamen 120 Darvon Nim die 84 pleiben 36 gleich souil darüber sam vor darunder [I, S. 209]

Das eigentliche Rechenbüchlein von Ries endet sozusagen zweimal, einmal mit dem Datum des Jahres 1522 (der Erstausgabe) und einem nachgesetzten Stück Regeldetri, die eine formal andere

Rechenanordnung benutzt. Hier seien die beiden Schlußworte wiedergegeben:

Beschluß.

Wil also mit diesem Büchlin kurtz begriffen / alle liebhaber der Rechnung verehrt haben. Bitt dieselbigen gar freundtlichen gegenwertiges gütlich anzunemmen / Ob jrgendts etwas vbersehen / oder nicht gantz gründtlich beschrieben / willigklich recht zu verfertigen / wil ich vmb einen jeden meines vermögens (Fähigkeit, Wg) geflissen seyn zu verdienen / vnnd zu einer andern zeit jhm das Visiren / die Regeln Algebre / vnnd / das Buch halten treuwlich mitzutheilen geneiget seyn. Geben am Freytag nach Michaelis / im Jar 1522.

Darmit nun ein jegklicher / so diß Büchlin zum ersten oder zum andern mal auß gerechnet / mit der Handt etwas dester fertiger vnnd behender werde, will ich etliche Exempel erklären auff die Regel Detri ... [17, Blatt 73, Vs, Rs]

... Wöllest solch Büchlin vnnd kurtze erklärung jetzt / welches ich zum andern mal lasse außgehen / zu danck annemmen / wil ich verdienen / vnnd dir auff das ehest ich mag / die Practica nach allem fleiß herauß streichen. Datum auff S. Annaberg / Dinstag nach Martini / im Jar 1525. [17, Blatt 76, Vs]

Studien zur Coß

In den Rechenbüchern von Ries finden sich nur Anspielungen auf die Coß. Die beiden Elemente einer sich formierenden Algebra – cossische Symbole und Gleichungen – kommen in den Rechenbüchern höchstens andeutungsweise vor. Die nachfolgenden Ausführungen aber werden erweisen, daß Ries nicht nur ein hervorragender Rechenmeister, sondern auch ein herausragender Cossist war.

Im Jahre 1550, in der „Praktika", hatte Ries auf seine eigene „Coß" hingedeutet – die entsprechende Passage ist auf S. 77 zitiert – und noch gehofft, sie zum Druck bringen zu können. Doch diese Wünsche haben sich nicht erfüllt; seine „Coß" ist bisher nie gedruckt worden. Das kostbare Manuskript aber, seine „Coß", ist erhalten geblieben.

Wir werden den Inhalt der „Coß" zu analysieren haben, um den Cossisten Ries würdigen zu können. Vorher indes soll berichtet werden, welches Schicksal dieses einmalige Dokument zur Geschichte der deutschen Algebra erlitten hat und wie es wieder aufgefunden werden konnte. (Vgl. dazu [19].)

Im Programm der Progymnasial- und Realschulanstalt zu Annaberg [19] hatte der Annaberger Gymnasiallehrer Bruno Berlet 1855 die ihm damals zugänglichen (noch bescheidenen) Kenntnisse über Leben und Werk des Adam Ries publiziert, hatte aber „trotz eifriger Nachforschung" die von Ries und seinem Enkel Karl erwähnte „Coß" nicht auffinden können. In Dresden fand sich in der damaligen Königlichen Bibliothek nur ein Auszug aus der „Coß", den ein Sohn von Adam Ries, Abraham Ries, angefertigt hatte. Berlet hielt 1855 die „Coß", wie es scheint, für endgültig verloren. Indessen entdeckte, angeregt durch Berlet, der Marienberger Schuldirektor Schreiter die gesuchte „Coß" in der dortigen Kirchen- und Schulbibliothek.

Das 534 Seiten umfassende Manuskript des Adam Ries ist während des 17. Jahrhunderts gebunden worden und trägt als Titelblatt die in der Abb. 27 wiedergegebene Aufschrift; sie stammt von dem Dresdener Rechenmeister Martin Kupffer aus dem Jahre 1664.

Adam Riesens seel. weiland Rechenmeisters zu S. Annaberg. Anno 1524. auffgesetzte und mit eigner Hand geschriebene aber niemals publicirte
Coß /

So erstlich nach seinem ableben seinem Sohn Abraham Riesen dem ältern, Churf. Sächß in Mathematischen und Münzsachen bestaltem, hernach dieser in Mathematischen Künsten gewesenen Discipulo, Lucas Brunnen, Kunst Cämmerern, und aus deßen Verlaßenschafft seinem Successore Theodosio Häseln Churf. S. Canzley Secretario und auch Kunst Cämmerern, zukommen, von welchem sie mir endesbenantem ao: 1656 verehret und neben etzlichen dergleichen fragmentis 1664 also wie vor Augen zusammen geheftet worden.

Denjenigen nun, dem diese collectanea, nach meinem Tode Zuhanden kommen werden, ersuche ich hiermit, daß er selbige nicht allein der Kunst und Autori Zuehren, sondern auch wegen der antiquität, in eine Bibliothec oder einen solchen orth bringen wolle, da es zu einem gedächtnus erhalten werden möge, Dresden den 6 May Anno 1664.

Martin Kupffer, bestalter Schreib und
Rechenmeister daselbsten [I, Titelblatt]

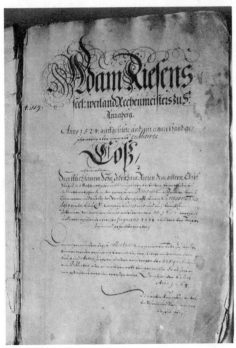

27 Deckblatt der „Coß" von Adam Ries. Heute aufbewahrt im Erzgebirgsmuseum von Annaberg-Buchholz (Foto Wußing)

Vom weiteren Weg der Sammelhandschrift sind nur einige Stationen bekannt. Jetzt befindet sie sich an historischer Stelle, im Erzgebirgsmuseum in Annaberg-Buchholz.

Martin Kupffer hat, wie er schreibt, verschiedene Manuskripte unter dem Titel „Coß" zusammenbinden lassen, alle aber von des Adam Ries' eigener Hand. Auf dem ersten Blatt, nach dem Deckblatt, kündigt Ries den Inhalt seines geplanten Buches an: (Durch Wasserschäden sind einige Worte des ersten Blattes unleserlich geworden.)

In disem Nachgeschriebenn Buch werden uff das allerclerlichst auß getruckt etzliche Algorithmi die vorlangest beschrieben vnd nachgelaßen seint wurden durch Algum, Bohecium, Archimedem etc Vnd den beruhmbsten In der Zahl erfarnen Algebram den Arabischen meister, ... Das Buch von dem ding auß arabischer In krichisch gesatzt vonn Archimedo vnd alßdann auß der krichischen sprach in die lateinische durch Apyleyum vnd Zum letzten Zu vnser ... eins teyls verdeutscht durch denn erfarnenn Mathematicum Magistrum Andream Alexandrum vnd darnach vffs allerleichtest vnd gruntlichst wol Zu begreyfen gefertigt durch Adam Riesenn Vom staffelstein Nach Vnserß lieben Herrn Geburtt Im 1524 Jhar. [I, S. 1]

Dann folgt die dem Dr. Stortz in Erfurt, seinem Gönner, zugeeignete Widmung, aus der in vorangehenden Abschnitten schon zi-

28 Das Erzgebirgsmuseum in Annaberg-Buchholz (Foto Wußing)

tiert worden ist. Die Widmung ist datiert vom Freitag nach Quasimodogeniti (Sonntag nach Ostern) des Jahres 1524.

Die „Coß" umfaßt, wie gesagt, 534 Seiten. Ein erster Teil (Seite 1–109) behandelt das Rechnen mit indisch-arabischen Ziffern, ein wenig abstrakter gehalten als in den gedruckten Rechenbüchern. Gelehrt werden die Grundrechenarten in ganzen Zahlen (Addition, Subtraktion, Verdoppeln, Halbieren, Multiplizieren, Dividieren), die progressio (Reihensummation), Wurzelziehen. Dann folgen ausführliche Instruktionen über die Bruchrechnung, von der Addition gebrochener Zahlen bis hin zur Division. Es schließen sich zu astronomischen Zwecken Rechenverfahren im Sexagesimalsystem (Minuten, Sekunden, usw.) an und Umrechnungen von Jahren, Monaten usw. in Stunden und Minuten usw. Demonstriert werden auch Umrechnungen von Währungen und Gewichtsmaßen. Es werden Musterrechnungen eingestreut; im Unterschied zu den Rechenbüchern fehlen aber die Beispiele aus dem Bereich der Anwendungen.

Die Behandlung der Coß, also des Rechnens mit cossischen Symbolen und die Behandlung von Gleichungen, beginnt auf Seite 109. (Wir werden hier von der „eigentlichen Coß", im Unterschied zur Sammelhandschrift „Coß", sprechen.) Und schließlich finden sich auf den Seiten 507 bis 534 noch durch Ries ins Deutsche übertragene und mit den Mitteln der Coß behandelte Aufgaben aus den Datis Jordani, also aus einer Abhandlung des Jordanus Nemorarius aus dem 13. Jahrhundert.

Die eigentliche Coß ist ihrerseits zwiegeteilt. Das erste Stück (Seite 109–326) enthält die 1524 vollendete Coß des Adam Ries. Das zweite Teilstück (nach einem Zwischenblatt von M. Kupffer: „Folgende Fragmenta seind bey dieser Coß unter des Autoris Hand, auch zu befunden gewesen, sambt ezlichen Datis Jordani verdeutscht") ist eine weitere, andere Fassung einer Coß; nach der Handschrift zu urteilen, stammt sie vom alt gewordenen Ries.

Ries beginnt die eigentliche Coß mit der Einführung cossischer Bezeichnungen und Symbole, wobei er an die bestehende, auf das 15. Jh. zurückgehende Tradition anknüpft. Es gibt ein Zeichen (hier durch ϕ angedeutet) als Symbol für Zahl; es heißt Dragma oder Numerus und wird dem in Ziffern angegebenen Zahlwert beigefügt (17 ϕ = 17)

Dann folgen·Bezeichnungen und Symbole für die sukzessiven Potenzen der Variablen (Unbekannten); diese heißt „Radix" oder „Coß". Benannt und mit besonderen Symbolen bzw. durch deren Kombination bezeichnet werden die Potenzen von der nullten bis zur 9. Potenz. (Außerhalb von Originalzitaten sollen sie hier im Text mit x^0 (= Dragma), x^1 (= Radix), x^2 (Zensus oder Quadrat), x^3 (Kubus), usw., bis x^9 (Kubus vom Kubus) wiedergegeben werden.)

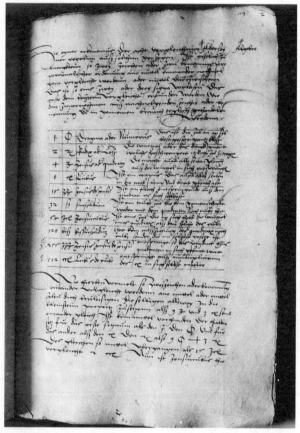

29 Einführung in die cossischen Symbole für die Variablen und deren Potenzen durch Adam Ries, Seite 109 der „Coß" von 1524 (Foto Wußing)

Genau genommen führt Ries diese cossischen Zeichen am Beispiel der Folge der Potenzen 2^0, 2^1 ..., 2^9 ein. Seine Symbole können sowohl zur Bezeichnung der Potenzen der Unbekannten in Gleichungen als auch zur Bezeichnung der Exponenten in Potenzen mit gleicher Basis verwendet werden. Bei seinen Bemerkungen über den Umgang mit den Symbolen stellt Ries beispielsweise fest, daß 9 Zensus gleich 3 Kubus sind ($9 \cdot 3^2 = 3 \cdot 3^3$) oder 9 Dragma gleich 3 Radix ($9 \cdot 3^0 = 3 \cdot 3$) oder 16 Dragma gleich 2 Kubus ($16 \cdot 2^0 = 2 \cdot 2^3$). Erst im folgenden Text, bei der Behandlung der Gleichungen, erlangen die Zeichen ausschließlich die Bedeutung der Potenzen der Variablen.

Nachfolgend behandelt Ries – im Anschluß an die Traditionslinie des al-Chwarizmi – acht Typen von Gleichungen ersten und zweiten Grades.

Volgenn hernach die Acht equaciones Algebre gezogenn auß seynem ersten buch genant gebra vnd almuchabala In welchn Zwey Zeichenn in den ersten viern einander Vorgleicht werden Vnnd in den andern vieren drey Zeichen ... [I, S. 111]

Mit anderen Worten: In einigen Gleichungen treten nur zwei der vier Symbolzeichen (für Dragma, Radix, Zensus, Kubus) auf; bei den anderen Gleichungen kommen drei der Zeichen vor. Behandelt werden Gleichungen des ersten Grades, reine Gleichungen des zweiten, dritten und vierten Grades sowie die gemischt-quadratischen Gleichungen und solche Gleichungen höheren Grades, die sich auf gemischt-quadratische Gleichungen zurückführen lassen. (Die Kombination aller vier Symbolzeichen hätte es gestattet, Gleichungen bis zum neunten Grade aufzuschreiben.)

Da Ries, alter Tradition gemäß, nur positive Koeffizienten zuläßt, muß er Fallunterscheidungen treffen. Wie die Analyse der von Ries angegebenen Beispiele zeigt, gelten ihm nur positive Lösungen als Lösung. (Komplexwertige Lösungen sind natürlich gänzlich außerhalb seiner Reichweite.)

Zwei der von Ries in der „Coß" behandelten Aufgaben (Nr. 104 und 139 in der Zählung von Berlet [19]) führen übrigens auf negative Lösungen. Ries rechnet formal und kommt zu dem Ergebnis 20–80. Sein Kommentar:

Das seint 20 ÷ 80 Ist nicht muglich zumachen Dan 80 mugen (können, Wg) von 20 nicht genomen werden. ... Ader vmb der vrsach willn wiewol

vn muglich zu machen, Wil ich dir dennoch Zum vberfluß die prob set-
zenn [I, S. 194]

Ries macht also mit der von ihm nicht akzeptierten Lösung formal
die Probe.

Aus diesen Gründen muß er – wir kommen noch darauf zurück –
einen bestimmten Typ der gemischt-quadratischen Gleichung aus-
schließen. Doch muß er eine klare Einsicht in die Tatsache gehabt
haben, daß eine quadratische Gleichung zwei Lösungen hat oder
haben kann; das zeigt die Behandlung des sechsten Gleichungstyps.

Ries gibt acht Regeln zur Lösung der acht Gleichungstypen an;
die Typen würden wir in moderner Schreibweise folgendermaßen
angeben:

Typ 1:	$ax = b,$	$a, b > 0$
Typ 2:	$ax^2 = b,$	$a, b > 0$
Typ 3:	$ax^3 = b,$	$a, b > 0$
Typ 4:	$ax^4 = b,$	$a, b > 0$
Typ 5:	$x^2 + ax = b,$	$a, b > 0$
Typ 6:	$x^2 - ax = -b,$	$a, b > 0$
Typ 7:	$x^2 - ax = b,$	$a, b > 0$
Typ 8:	$x^{2k} + ax^k = b,$	$k > 1$, ganz; $a, b > 0$

Wie man sieht, fehlt der Gleichungstyp $x^2 + ax = -b$, mit
$a, b > 0$. Diese Gleichungen besitzen keine positiven Lösungen,
sondern nur negative oder komplexe. Daher verzichtet Ries auf
die Behandlung jenes Gleichungstyps.

Zur Illustration wollen wir hier die Aufgabentypen 1, 2 und 5 in
Riesscher Originalsprache zitieren.

[Typ 1]: So zwey signa ader Zwu benennung ane mittel in proporcionalistischer ordnung einander vorgleicht werden sol das wenigste signum am namen durch das groser nachvolgend geteylt werden. Vnd was auß solch teylung kompt wirt berichten den werdt des fragendenn und begerenden
dinges Als ich setz 6 χ seint gleich 24 ϕ so teyl ϕ in χ als 24 in 6 komenn
4 souil ist valor radicis (Wert der Wurzel, Wg) Dan 6 χ machenn auch 24
in numeris absolutis (als absoluten Zahlenwert, Wg) [I, S. 111]

[Typ 2]: Die andere equacion ist so Zwey Zeichenn einander nachvolgendt
vnd eynes darzwischen ausgelasen sol das mindste am namen Das ist welches weniger ductiones hat (das „niedrigste" in der Reihenfolge der cossischen Symbole, Wg) / Durchs meist geteylt werden vnd radix quadrata des
selbigenn thut außweysen was χ werd ist sam ich setz 5 $\mathfrak{z}$ werden vor-

gleicht 80 ϕ so teyl 80 in 5 komen 16 Darauß zihe radicem quadrati (die Quadratwurzel, Wg) Ist 4 Das probir also sprich 1 3 vom γ 4 macht 16 vnd der fünff machen gerad 80 in numeris absolutis [I, S. 111]

[Typ 5]: Die funfftte equacio ist So drey Signa ane mittel einander nachvolgen offt berurter proporcionalistischer ordnung / Das erste den letzten Zweyen vorgleicht wirtt / solln die Zwey minsten / Nemlich das erst vnd mittelst / Durchs letzt Vnd meyst geteylt werden / wie kurtzlich bemelt (bemerkt worden, Wg) ist / Alß dan sol das mittelste Zeichen werden halbirt / vnd den halben teyl sol man in sich quadrate fürenn darnach Zum ersten Zeichen addirn Vnd radix quadrata von solcher heuffelung weniger der halbe teil des mittelsten Zeichenns eroffentt die frag Wie hi 12 γ + 3 3 seint gleich 135 ϕ teyl ϕ + γ in 3 komen 45 vom ersten Zeichn vnd 4 vom mitteln Medier 4 werdenn 2 die füre in sich komen 4 addir Zw 45 seint 49 Darvon ist radix quadrata 7 Nim hinwegk den halben teyl des mittelstenn Zeichens als 2 pleibenn 5 souil macht 1 radix proba sprich 12 radices machen 60 Vnd 3 quadraten von 5 dem radix machen 75 addir Zusamenn komenn 135 an der Zahl gleich dem ersten zeichenn [I, S. 113]

Der Leser wird den Rechengang nachvollziehen können: Die Gleichung lautet: $12x + 3x^2 = 135$. Nach Division durch 3 erhält man $4x + x^2 = 45$. Addition des Doppelten der Hälfte von 4 auf beiden Seiten der Gleichung liefert auf der rechten Seite 49. Daraus wird die Quadratwurzel gezogen, das macht 7. Auf der linken

Seite war die Wurzel aus $x^2 + 2 \cdot 2x + 2\dfrac{2}{2} = (x + 2)^2$ zu ziehen;

das ergibt $x + 2$. Nach Subtraktion von 2 erhält man $x = 5$.
Ries benutzt, wie wir heute auch, die quadratische Ergänzung. Als Lösung wird richtig 5 angegeben, die andere Lösung der quadratischen Gleichung lautet $x = -7$ und wird von Ries nicht in Betracht gezogen.
Die von Ries gewählten Formulierungen können – auch wenn die Beispiele dies nicht ausweisen – sogar in einem erweiterten Sinne interpretiert werden, als Reduktion von Gleichungen höheren Grades auf die jeweiligen Typen. Beim Typ 2 etwa würde eine Gleichung $ax^{n+2} = bx^n$, $n > 0$, ganz, auf $ax^2 = b$ führen.
Aus den obigen acht Gleichungstypen und deren Behandlung leitet Ries im nachfolgenden Text 24 Regeln ab. Sechs davon aber, so weist er nach, reichen zur Behandlung der acht Gleichungstypen nach; die anderen sind eher einer Tradition geschuldet:

Solich vierundzwenzigk beschriebenn Regel haben vnsere vorfaren gezogenn auß denn acht equacionibus Algebre, ... [I, S. 121]

Bei konsequenter Anwendung des überkommenen Prinzips entstehen sogar 90 Regeln. Daher Ries, wiederum mit dem Blick auf
Lehrbarkeit argumentierend:

Welch in summa machen wurden 90. Vnd wurden dem gemeynen mann
schwer im sin zu behalten. Der / halbenn Algebras (wiederum die Personi-
fizierung der Algebra, Wg) wol Zu hertzen genomen proporcionalistische
ordnung vns vorlasenn seine acht equaciones Welche ich auß seinem buch
gezogenn ... [I, S. 121/122]

Ries begnügt sich also mit sechs Lösungsregeln bei der Behand-
lung von acht Gleichungstypen, die aus den Zeichen für Dragma,
Radix und Zensus zusammengesetzt sind. Es handelt sich um
Gleichungen des ersten und zweiten Grades; die Reduktion der
Gleichungen höheren Grades (sofern möglich) auf diese Typen
lehren die anderen 18 Regeln.

Der Vergleichbarkeit wegen mit den oben zitierten Gleichungstypen 1, 2 und 5 seien noch die entsprechenden Regeln 1, 2 und 4
im Originaltext angeführt.

Auß disenn gesatztenn Acht equationibus haben etzlich gemacht vnd auß-
gezogenn 24 Regeln vnder welchenn die erstenn sechs si genant habenn
die fürnemstenn die weyl si auß den dreyen Zeichn ϕ γ $+$ 3 geflossen Das
ist auß dem Dragma Radice vnd censu Welche sie genant haben die Zal an
ir selbst gesetzt die wurtzel welche klein vnd groß genomen mag werden
vnd dem quadraten auß der wurtzel entsprungenn Volget also die erste
Die erste Regell Ist wann Radix vorgleicht wirt Numero ader Dragma genant / sol numerus in radicem geteilt werden Was dan auß solcher teylung
komenn wirtt / muß berichten die frag
Diese Regel ist in der erstenn equacion begriffen
Die ander Ist So ϕ vorgleicht wird dem 3 sol numerus in censum geteilt
werden vnd radix quadrata thut berichtenn / die frag / Die ander equa-
cionn thut erleuternn diese Regel
...

Die vierdt Ist wan ϕ vorgleicht wirt dem γ $+$ 3 so sol ϕ $+$ γ durch 3 geteylt
werden Darnach medir γ für den halben teyl in sich / addir zum ϕ vnd radix quadrata der gantzen sum weniger der halbe teyl γ thut berichten die
frag Dise regel Ist erclertt In der fünfften equacion Do drey Zeichn an mi-
tel das erst den andern Zweyen Vorgleicht wirtt der halben nicht von noe-
tenn Hie ferner daruon Zureden [I, S. 115/116]

Auf dieser so gewonnenen theoretischen Basis wendet sich Ries
nun der Behandlung einer Fülle von Aufgaben zu, und zwar solcher Aufgaben, die sich auf die erste Regel beziehen. Die Anordnung der Aufgaben geschieht in großen Gruppen, solchen, die er

selbst vorlegt, solchen, die er (wie in der Widmung an Dr. Stortz bereits erwähnt) einem Manuskript von Andreas Alexander entnommen hat, das am Rande weitere Beispiele von fremder Hand enthält, deren Verfasser Ries nicht kannte (es handelt sich um Widmann) und solchen, die Ries aus einer weiteren, lateinischen Handschrift entnommen und ins Deutsche übertragen hat, und schließlich solchen Beispielen, die von dem Leipziger Rechenmeister Hans Bernecker, von Ries selbst und anderen, namentlich genannten Gewährspersonen stammen, wie etwa Hans Conrad oder dem Nürnberger Rechenmeister N. Kolberger. Es handelt sich, der Ankündigung gemäß, durchweg um lineare Gleichungen, viele davon mit praktischem Bezug. Einige davon führen auf lineare Gleichungen in mehreren Variablen, die eine lange historische Tradition besitzen. Auch die altberühmte Aufgabe über die Schnecke findet sich hier, die an einer Brunnenwand tagsüber hochkriecht, nachts aber ein Stück zurückrutscht. Gefragt ist, wann sie oben anlangt.

Um dem Leser einen Eindruck zu vermitteln, sei hier noch eine der Riesschen Aufgaben zitiert, die gleichzeitig auch den sozusagen abstrakten, auf Einkleidung verzichtenden Charakter einiger Riesschen Aufgaben belegen soll. Wir wählen dazu das erste Beispiel, das sich unmittelbar an die Erläuterung der 24 Regeln anschließt.

Volgende Exempel erclern Die erste Regel Welche do ist So Radix vorgleicht wird dem ϕ Thu wie berurt (berührt, behandelt, Wg) ist
Item auß 10 Zwey teyl Zu machenn / so ich den grossern in dem kleinern dividir das 5 komenn Machs also setz der großer teyl sey 1 γ so muß nothalben der kleiner sein 10 ϕ minus 1 γ teyl 1 γ in $\phi \div 1\,\gamma$ komenn
$\dfrac{1\,\gamma}{10\,\phi \div 1\,\gamma}$ gleich dem quocient 5 Multiplicir 5 denn quocient mit dem nenner alß 10 $\phi \div 1\,\gamma$ komenn 50 $\phi \div 5\,\gamma$ gleich dem Zeler als 1 γ gib vff peydenn teylen Zw 5 γ komen eynem teyl 50 ϕ Vnd dem andernn 6 γ / teyl 50 in 6 nach vnderrichtung der regel komenn $8\dfrac{1}{3}$ Der großer teyl souil ist radix werd Den Nim vonn 10 pleibt $1\dfrac{2}{3}$ der kleinste teyl Das magstu probirnn also Resoluir beyde Zaln in ire teyl komen 25 vnd 5 teyle eyns ins ander so komen 5 wie obenn gemelt [I, S. 122]

Der erste Teil der eigentlichen Coß schließt mit einer Aufgabe über eine durch den Wind umgeknickte Stange. Ihre Gesamtlänge ist gegeben sowie die Entfernung vom Fußpunkt der Stange, in

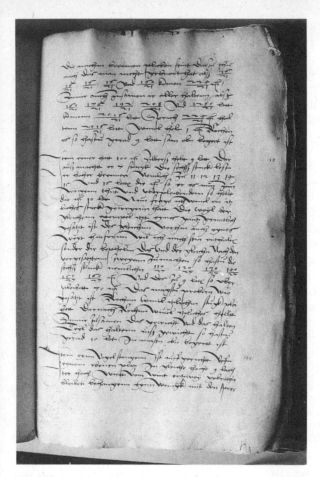

30 Aus dem Aufgabenteil der „Coß" des Adam Ries von 1524 (Foto Wußing)

der die umgebrochene Spitze den Boden berührt. Gesucht ist die
Höhe der Knickstelle über dem Boden, eine Aufgabe, die die Anwendung des Satzes von Pythagoras und das Ziehen der Quadratwurzel erfordert, also die Anwendung der ersten Regel über-
steigt.

In den Schlußworten wendet sich Ries wieder an den Leser. Er
habe mit diesen Beispielen die Erläuterung der ersten Regel abge-

90

schlossen und übrigens diese einem elfjährigen Knaben gelehrt. Und, nochmals den Leser direkt ansprechend:

Hab dir si (diese Unterrichtung, Wg) mit dem Vleyß Zusamenn gelesenn Vnd denn meisten teyl New gemacht vnd gerechnett / auch itzlichen sein prob eygentlich vnd gruntlich angehengett / Wirstu aber vinden / Das ich im irgents Zuuil gethan / Zu wenigk gesatzt / ader Zu tungkel beschribenn Wollest das selbig gutlichen rechtfertigen Dan mir nicht weyl vorlihn gewesen / die gruntlicher Zu setzen / Zu vbersehen vnd corrigirnn Vorhoffe aber wirst keynen vhel vinden / sonder dich leichtlich darin schigken Vorfertigett Am freytag Nach Judica (12. März, Wg) Im 1524 Jar [I, S. 324/25]

Beim zweiten Teil der eigentlichen Coß handelt es sich um den Manuskriptentwurf einer weiteren, einer anderen Coß, die der inzwischen alt gewordene Ries verfaßt hat. Die Niederschrift ist nicht datiert, dürfte aber nach 1544 beendet worden sein. Ries hat dieses Manuskript seinen Söhnen als eine Art Vermächtnis übergeben.

Meynen lieben Sonen Adam Abraham Jacob Isaac Vnd Paulo die Riesen genantt Zuhanden
Lieben Sohn pißher hab ich euch beschriebn gemeine rechnung auff den Linihen/Fedren auch forteil Vnd behendigkeit Practica genantt / neben andern schonen Rechnungen der Muntz Vnd anderen Regelnn Darauß ir gantz clerlich vornomen habt vnd werdett / Wie die Jugent in erstem anheben vnderweist sol werden / So ist nun lieben sohn ein andere Rechenung vorhanden welche geschicht durch examinirung der Vnitet Die durch den Hocherfarnen Arithmeticum Algebram eynen Arabischen Philosophenn vor Vil Jarn Zu den Zeiten des grosen Allexanders erfunden Vnd ist pißherr Von allen liebhabern gemelter Kunst nichts hohers vnd lieblichers auch behenderß am tag bracht Es haben auch etliche wol von diser Rechnung geschrieben / als Bohetius Campanus / Johannes Muris / vnd Zu vnsern geZeiten der Wolerfarne / Mathematicus Magister Andreas allexander / Christoff Rudloff / Michael stieffel vnd Jeronimus Cardanus Welcher schreiben dan noch vor augen / Vnd ist derselbigen schreiben / mit genugsamer Vnderricht auch mit sichtiger beweisung sonderlich durch M. Andream Allexandrum vorfurrt Wie ir dan in seinem lateinischen schreiben sehen werdet / Diweil ich dan nun mit alter beladen / euch als meinen lieben sohnen nichts besseres geben vnd lassen mag Dan vnderricht gemelter Rechnung durch erforschung der Vnitet / Wil von noten sein das ich euch Zuuor etliche Algorithmi ercleren durch Welche gemelte Rechnung kan volfürtt werden … [I, S. 329/330]

Diese sehr persönlich gehaltene Hinwendung des „mit Alter beladenen" Vaters Adam Ries an seine Söhne ist auch in mathematikhistorischer Sicht interessant. Ries ist sich der bis auf die Antike und die islamischen Mathematiker zurückreichenden Tradition wohl bewußt (obgleich er, wie seine Zeit insgesamt, beträchtliche historische Irrtümer begeht). Und er hat die seit der Zeit der Niederschrift seiner ersten „Coß" von 1524 vor sich gegangene Entwicklung der Coß aufmerksam verfolgt; er erwähnt einige auf diesem Gebiet herausragende Autoren wie Christoph Rudolff (nicht: Rudloff, wie Ries irrtümlich schreibt), Michael Stifel und Geronimo Cardano. Rudolffs „Coß" („Behend vnnd Hübsch Rechnung

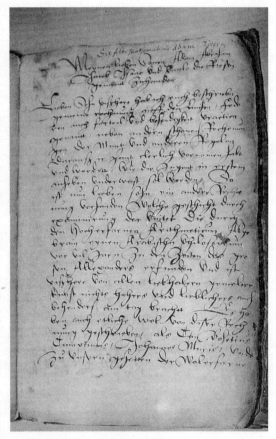

31 Das sog. Vermächtnis, mit dem Adam Ries seine zweite Coß seinen Söhnen übergibt. Coß, Seite 329 (Foto Wußing)

durch die kunstreichen regeln Algebre so gemeinicklich die Coss genennet werden") war 1525 in Straßburg erschienen und 1553/54 mit Erläuterungen und Ergänzungen durch Stifel neu herausgebracht worden. Er hatte seinerseits die (1539 vollendete) hochbedeutende „Arithmetica integra" 1544 in Nürnberg zum Druck bringen können, die ihrerseits einige Elemente der sich entwickelnden Auflösungskunst algebraischer Gleichungen, wie sie von N. Tartaglia, L. Ferrari und später von G. Cardano entwickelt wurde, in sich aufgenommen hatte. Bereits 1539 war die „Practica arithmetica" von Cardano erschienen; 1545 folgte, mit dem Druckort Nürnberg, die schrittmachende „Ars magna sive de regulis algebraicis" (Die große Kunst oder über algebraische Regeln). So kommt die historische Einordnung zustande, daß die zweite Coß von Ries nach 1544 verfaßt worden ist.

Es ist hier nicht der Ort, den Einflüssen dieser Entwicklung auf die zweite „Coß" des Adam Ries im einzelnen nachzugehen; diese Coß trägt ohnedies sehr deutlich den Charakter eines Entwurfes. Auch ist offensichtlich, daß Ries ganze Passagen ausgelassen hat oder (und) daß ganze Teilstücke verloren gegangen sind.

Einige Themen oder Aufgaben sind nur angedeutet, nicht aber durchgeführt. Folglich hat er immer wieder Seiten freigelassen, wohl in der Absicht, den Text bei passender Gelegenheit noch nachzutragen. Diese wenigen Bemerkungen müssen genügen.

Als ersten der angekündigten Algorithmen behandelt Ries einen „Algorithmus de Additis et Diminutis (des Hinzufügens und Verminderns, Wg) in gantzen Zaln". Es werden zunächst die Zeichen $+$ und $\div$ (für $-$) eingeführt. Dann lehrt Ries das Rechnen in „Termen", wie wir heute sagen würden: Addiert werden $5 + 4$ zu $8 + 7$ oder $7 \div 3$ zu $12 \div 5$ mit der Summe $19 \div 8$. Die Subtraktion solcher Terme, z. B. $6 + 3$ von $9 + 7$ führt auf das „Residuum" (Rest) $3 + 4$ oder, im Falle der Subtraktion $4 + 8$ von $8 + 6$, auf den Rest $4 \div 2$. Es folgen Fallunterscheidungen, wenn die „Zeichen ungleich" sind. Die Multiplikation wird ausgeführt, indem die Glieder der Terme „über Kreutz" multipliziert werden: $8 + 3$ multipliziert mit $7 + 4$ macht $56 + 12 + 32 + 21$ und $8 \div 3$ multipliziert mit $5 \div 2$ ergibt $40 + 6 \div 16 \div 15$. (Klammern treten nicht auf.) Etwas komplizierter fallen die Divisionsregeln aus.

Im nächsten Schritt seiner Unterweisung wird derselbe Algorithmus von Plus und Minus auf Terme in ganzen und gebrochenen

Zahlen ausgedehnt; das Rechnen mit Brüchen wird vorausgesetzt. Dieses Thema wird nicht voll durchgeführt; mehrfach sind Blätter unbeschrieben. Dann aber dehnt Ries seinen Algorithmus aus auf „Terme in Währungseinheiten" (1 Gulden hat 21 Groschen), auf Maßsysteme (1 Fuder hat 12 Eimer) und demonstriert entsprechende Aufgaben. Beispielsweise:

Item 235 f (Gulden, Wg) 13 g (Groschen, Wg) Mehr 89 f ÷ 5 g Mher 36 f + 8 g Mher 47 f ÷ 19 g Vnd 83 f ÷ 11 g Wiuil [I, S. 339]

Als Ergebnis erhält er 490 f ÷ 14 g.

Dabei hat er zunächst alle Groschen mit dem Zeichen +, dann alle Groschen mit dem Zeichen ÷ addiert und dann voneinander subtrahiert.

Im weiteren Gang kann Ries nach solchen Termen, deren Zahlenangaben mit Einheiten von Maß, Gewicht usw. versehen sind, solche Terme behandeln, deren Zahlenangaben mit den cossischen Zeichen ϕ, γ, β usw. gekoppelt sind. Zwischengeschaltet sind, in deutlicher Anlehnung an Stifel etwa, die Behandlung von rationalen, kommensurablen und inkommensurablen Zahlen, des Wurzelziehens, der Behandlung von Proportionen und anderes mehr.

Unter der Überschrift „Algorithmus de Numeris Surdis Quadratorum" nimmt Ries folgende Begriffsbestimmung vor:

In disem Algorithmo Vnd Volgenden werden dreyerley Zaln gebraucht, alß Racionales Communicantes Vnd Ir rationales / Racionales seint / die Radicem haben / Welcher gezelt kan werden alß 4/9/16/25/36 Das ist van eyne Zal in sich selbst Multiplicirt wirt alß 2 in 2 wirt 4 / 3 in 3 wirt 9 / ... [I, S. 352]

Von fremder Hand (Kupffer?) sind die von Ries gebrauchten Begriffe durch die gängigere Terminologie kommensurabel und inkommensurabel ergänzt worden.

Es folgen (ohne daß prinzipielle Unterschiede zur Coß von 1524 erkennbar wären) vom Blatt 399 an – nach der erneuten Einführung der cossischen Zeichen – unter der Überschrift „Von den vorgleichnung Algebra" die Behandlung der acht Gleichungstypen und der Auflösungsregeln. Die Darlegungen sind abstrakt gehalten, beziehen sich u. a. auf Alexander und Rudolff und geben für die Behandlung der Gleichungstypen jeweils eine Anzahl von Demonstrationsbeispielen, teilweise relativ komplizierten Charakters, zum Einüben („Memorieren") der Algorithmen. Beispielsweise tritt die Gleichung

$$\frac{1x + 8x^2 + 3}{4x - 6} = 13$$

mit der (einen) Lösung $x = 3$ auf, wenn wir uns moderner Schreibweise bedienen.

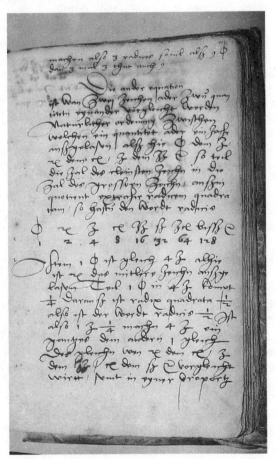

32 Erneute Einführung cossischer Symbole für die ersten Potenzen der Variablen durch Adam Ries in der zweiten Coß. Coß, Blatt 401 (Foto Wußing)

Auf Seite 424 der „Coß" kündigt Ries Beispiele zur Behandlung der „ersten Gleichung" an. Es handelt sich um 171, von Ries selbst numerierte Aufgaben, sowohl um eingekleidete Aufgaben (Münzmeister, Viehkauf, Goldrechnung, Gewürzrechnung, Gesellschaftsrechnung, Zechenrechnung und vieles andere mehr) als auch um abstrakt gehaltene Aufgaben.

Um wenigstens einen gewissen Eindruck zu vermitteln, sei noch eine Aufgabe zitiert; der Leser suche selbst die Lösung:

Auß 10 mach mir Vier teil / so ich den ersten mit 5 den anderen mit 6 Den dritten mit 7 Vnd den Vierden mit 8 multiplicir Das 62 komen [I, S.493]

Es hat sich gezeigt: Unser Adam Ries hat Hervorragendes auch im Felde der Coß geleistet. Im Vergleich der beiden Fassungen der „Coß", der von 1524 und der späteren, zeigt sich die frühe „Coß" als die eigenständigere Leistung von Ries. Die spätere Fassung ist im wesentlichen als Rezeption der inzwischen durch andere Forscher und Cossisten erzielten Ergebnisse einzuordnen, enthält jedoch einen in pädagogischer Hinsicht interessanten Zugang zum Rechnen mit den cossischen Symbolen.

Beide Teilmanuskripte stellen indes ganz außerordentlich bedeutsame mathematikhistorische Dokumente dar, deren Edition höchst wünschenswert ist und durch die BSB B. G. Teubner Verlagsgesellschaft (Leipzig) für das Jahr 1992 zum 500. Geburtstag von Adam Ries vorbereitet wird.

In der Sächsischen Landesbibliothek Dresden befinden sich übrigens drei Abschriften dieser zweiten, späteren Fassung der Coß von fremder Hand. ([II], [III], [IV]) Eine davon, [III], Signatur Mscr. Dresd. C 461, stellt sogar eine erweiterte Abschrift dar, vermutlich durch Adams Sohn Jacob, enthält ferner Bemerkungen zum Text, vermutlich durch den anderen Sohn Abraham. Ein Rückvergleich ergibt, daß in [III] auch einige der von Ries gelassenen Lücken ausgeführt werden. Doch finden sich keine über des Adam Ries „Coß" hinausgehende Passagen, die die Tiefe und Reichweite der algebraischen Methoden betreffen. (Eine ausführliche historische Analyse steht allerdings noch aus.)

Öffentliche Ämter

Es sind nur wenige Einzelheiten über die von Ries in Annaberg geleitete Rechenschule bekannt. Mit Sicherheit weiß man nur, daß seine Schule guten Zuspruch fand und Ries sich als Rechenmeister allgemeine Anerkennung erworben hat.

Wie es scheint, stand Ries mit seiner Tätigkeit im Bergbau stärker im Blickfeld öffentlichen Interesses. Dies kann uns aber nicht verwundern, da doch der Silberbergbau der Annaberger Gegend und des Erzgebirges überhaupt von herausragendem staatlichem und städtischem Interesse war. Dort wurden Vermögen geschaffen, dort war die Mehrzahl der Menschen beschäftigt, und der sächsische Staat bezog von dort her einen wesentlichen Teil seiner ökonomischen und damit auch politischen Potenzen. Kursachsen war ein relativ reiches Land.

Durch gründliche wirtschaftshistorische Untersuchungen, insbesondere durch A. Laube, weiß man über die Silberausbeute in den obererzgebirgischen Revieren Schneeberg, Geyer, Annaberg, Buchholz, Marienberg und Scheidenberg für den Zeitraum 1470 bis 1546, also für die Ries-Zeit, recht gut Bescheid. [55] Danach erreichten die kurfürstlichen Einnahmen aus dem Silberbergbau im ersten Viertel des 16. Jahrhunderts rund zwei Drittel der Gesamteinnahmen Sachsens. Die Silberausbeute war von 1470 an ständig angestiegen, fiel aber nach 1550 durch Erschöpfung der relativ leicht zugänglichen Lagerstätten rasch ab. Speziell für das Revier Annaberg dürften bis zur Mitte des 16. Jahrhunderts über eine Million (Gewichts)Mark an Silber eingebracht worden sein (1 Mark entspricht 233,58 Gramm). Die durchschnittliche Jahresausbeute während der ersten 15 Jahre des 16. Jahrhunderts lag bei knapp 20 000 Gewichtsmark.

Um 1515, als Ries (vermutlich) zum ersten Male Annaberg besuchte, gab es im Annaberger Revier – nach Angaben von W. Schellhas [57, S. 6] – etwa 900 Zechen, in denen 3 200 Bergarbeiter beschäftigt waren. Die wirtschaftliche Lage der Bergarbeiter war hart. Die durchschnittliche Lebenserwartung der in Nässe,

Kälte und Dunkelheit Arbeitenden lag knapp über 30 Jahre. Der Wert der im Annaberger Revier zwischen 1492 und 1539 ausgebrachten Silbermenge hat die ungeheure Summe von über 6 Millionen Gulden erbracht. Zum Vergleich muß man wissen, daß ein Ochse etwa 4 Gulden gekostet hat. Ein Häuer unter Tage hat im Jahr allenfalls 25 Gulden verdienen können. Diese Lohnsumme entspricht etwa einem halben Prozent des Wertes der von ihm im Jahr geförderten Silbermenge!

Zum ökonomischen Komplex des Bergbaureviers Annaberg, dessen Größenordnung durchaus mit modernen Kombinaten oder Großbetrieben der Gegenwart zu vergleichen ist, gehörten weiterhin 37 Pochwerke zum Zerkleinern des Erzes, 4 Erzwäschen, 7 Flutwerke und 14 Schmelzhütten sowie die Münze.

Im Jahre 1519 wurden in dem Annaberg benachbarten Marienberg reiche Silberfunde gemacht. Auf einem relativ kleinen geographischen Raum konzentrierte sich für einige Jahrzehnte eine ungeheure Wirtschaftskraft. So erklärt es sich auch, daß Deutschland für einige Zeit zum Zentrum frühbürgerlicher Entwicklung werden konnte mit dem dialektischen Widerspiel von Reichtum und Ausbeutung, von frühbürgerlicher Revolution und Reformation, von Bauernaufständen und gewaltsamer Niederwerfung der aufgebrachten und ausgebeuteten Volksmassen. Auch im Annaberger Gebiet gab es 1524/25 Bauernunruhen; schon 1496 hatte es im Schneeberger Revier Bergarbeiterstreiks gegeben. In Jahren schlechter Getreideernten wurden Hungerunruhen zur Regel, wenn sich der Brotpreis erheblich erhöhte und des Winters wegen sich die Heranführung von Brotgetreide ins Gebirge als unmöglich erwies.

In einem Brief aus dem Jahre 1889 hat sich Friedrich Engels folgendermaßen ausgedrückt:

Mir ist … recht klar geworden …, wie sehr die Gold- und Silberproduktion Deutschlands (und Ungarns, dessen Edelmetall dem ganzen Westen via Deutschland vermittelt wurde), das letzte treibende Moment war, das Deutschland 1470–1530 ökonomisch an die Spitze Europas stellte und damit zum Mittelpunkt der ersten bürgerlichen Revolution, in religiöser Verkleidung der sog. Reformation, machte. [41, S. 274]

Auf diesem allgemeinen Hintergrund der zentralen Stellung des Silber- und Erzbergbaues im oberen Erzgebirge zu Anfang des 16. Jahrhunderts wird die bedeutsame Rolle unseres Adam Ries in seiner Tätigkeit als Bergbaubeamter deutlich erkennbar. Über diese Seite der öffentlichen Wirksamkeit von Adam Ries sind wir durch die gründlichen und umfassenden Untersuchungen von Walter Schellhas, insbesondere in [57] bestens informiert; wir können uns hier weitgehend auf seine Studien stützen.

Man darf davon ausgehen, daß der gute Ruf des Rechenmeisters Ries, der schon auf seine Erfurter Zeit und die dort gedruckten Bücher zurückging, seine rasche Anstellung – 1524 oder Frühjahr 1525 – als Rezeßschreiber des Bergamtes bewirkt hat. Überdies besaß Ries schon damals, wie das während der Erfurter Zeit entstandene, wenn auch nicht gedruckte Manuskript „Beschickung des Tiegels ..." [V] ausweist, ein detailliertes Fachwissen über die Bestimmung des Silber- und Goldgehaltes von Erzen, d. h. über die Tätigkeit eines Probierers, über die Bestimmung der Anteile von Legierungen von Edelmetallen beim Prägen von Münzen, bei der Herstellung von Schmuck, beim Handel mit Edelmetallen.

Als Rezeßschreiber befand sich Ries im Anstellungsverhältnis zum Landesherren; wir würden heute von einem Beamten sprechen. Ries war somit ein „Bergmann von der Feder", eine etwas spöttische Abgrenzung zum „Bergmann vom Leder" (dem Bergmann, der, zum Einfahren in die Schächte, Lederschurze, insbesondere am Gesäß, als Arbeitskleidung trug). Die Aufgaben eines Rezeßschreibers beschreibt Schellhas folgendermaßen:

Der Rezeßschreiber hatte als Beamter des Bergamtes die vierteljährlichen Rechnungsabschlüsse der Schichtmeister (die von den Gewerken eingesetzten und entlohnten, jedoch von den landesherrlichen Beamten bestätigten Produktionsleiter der einzelnen Zechen) zu prüfen und nach Berichtigung ihrer Fehler dem Bergamt vorzulegen. Als Rezeß bezeichnete man im Bergbau die Gesamtheit der von den Gewerken einer Zeche als Zubuße (anteiliger Beitrag zu den Produktionskosten) gezahlten, aus den Betriebsüberschüssen noch nicht zurückgezahlten Beträge, also kurz das Zechenschuldenwesen. Der Rezeßschreiber mußte auf Grund der Schichtmeisterabrechnungen in dem von ihm geführten Rezeßbuch folgende Eintragungen vornehmen: die Berg- und Hüttenkosten, das Erzaufbringen (Fördermengen und Gehalte), die Zahl der verlegten Kuxe (Berganteile der Gewerke), die Zechenschuld und den Zechenvorrat, die Beiträge an Zubußen und die Summen der verteilten Ausbeute (der Reinertrag an die Gewerken nach Abzug aller Produktionskosten und Abgaben an die Regalherren und an die Stollengewerken) jeder Zeche. Für die Regalherren (Landesfürsten) mußte er Auszüge aus dem Rezeßbuch in doppelter Ausfertigung, je ein Exemplar für die landesherrliche Bergkanzlei und das örtliche Bergamt, herstellen. [57, S. 10/11]

Das Amt eines Rezeßschreibers stellt, wie man sieht, einige Anforderungen an die Rechenkunst und kann nur ausgeübt werden, wenn der Schreiber das Vertrauen sowohl der produzierenden Seite als auch der landesherrlichen höheren Beamten besitzt. Ries hat die Pflichten offenbar im gegenseitigen Einvernehmen mustergültig erfüllt; vom Herbst 1527 bis Ende 1536 war er zugleich Rezeßschreiber in Marienberg. Schließlich wurde Ries befördert, erreichte höhere Stufen im Beamtenstatus des Bergbaus. Im Jahre 1532 wurde er Gegenschreiber in Annaberg und 1533 sogar Zehntner im Bergamt Geyer.

Die mit diesen Ämtern verbundenen Pflichten, deren Entlohnung übrigens – wenigstens in den Anfangsjahren – relativ bescheiden blieb und von der jeweiligen Ausbeute abhing, waren durch die von Herzog Georg 1509 erlassene „Bergordnung" bis ins Detail geregelt und vorgeschrieben. Selbstverständlich war auch hier ein Amtseid zu erbringen.

Als Gegenschreiber hatte Ries die Eigentümer und deren Anteile an Zechen namentlich zu führen und die recht häufigen Veränderungen festzuhalten. Die „Gegenbücher" fixierten also die Eigentumsrechte und dienten als Grundlage der Berechnungen von Erträgen und Schuldhaftungen im Bergbaubetrieb. (Am ehesten könnte man diese Tätigkeit mit der eines staatlichen Notars bei Grundstücksgeschäften und Aktiengesellschaften vergleichen.) Und ferner hatte der Gegenschreiber die durch den Probierer bestimmten Angaben über den Metallgehalt der Erze festzuhalten und über die Münzstätten zu berichten.

Eine noch höhere Stufe im Bergamtswesen stellte die Tätigkeit des Zehntners dar. Daß Ries in diese Funktion berufen wurde, muß man als einen außerordentlich hohen Vertrauensbeweis des katholischen Herzogs Georg gegenüber Ries betrachten, der bekanntermaßen dem lutherischen Glauben nahestand. Ein Zehntner hatte letztlich dafür zu sorgen, daß der „Zehnte", also ein Zehntel des Gewinns (ausgedrückt in geförderter und aufbereiteter Erzmenge), tatsächlich in die Verfügungsgewalt des Landesherren gelangte. Dazu waren, im Zusammenwirken mit den Schichtmeistern, den Aufsehern in den Verarbeitungshütten, den Beamten der Bergämter und den Zechengewerken und anderen Eigentümern, alle Stufen der Verarbeitung des Erzes auf das genaueste festzuhalten, von dem noch unreinen Silber bis zum

Münzsilber. Ähnliches galt auch für andere Metalle wie Kupfer und Zinn. Bei Veruntreuung oder Betrug war die Todesstrafe angedroht. Öffentliche Rechenschaftslegungen waren vorgeschrieben, und Ries hat, außer in seinem Verantwortungsbereich, mindestens viermal an derartigen „Berghandlungen" teilgenommen, und zwar im Freiberger Bergamt 1531, zweimal 1533 und 1536, einmal davon im Beisein Herzog Georgs.

Insgesamt hat Ries 35 Jahre lang in unterschiedlichen, teilweise mehrfachen Funktionen im Auftrage seiner Landesherren im Bergbau gewirkt. Einige der von ihm gelegten Zehntrechnungen, die amtliche Dokumente von großer Bedeutung darstellten, sind erhalten geblieben [VIII]. Die Vertrautheit mit dem Erzbergbau und insbesondere mit Silbergewinnung und Münzwesen ließ ihn überdies Einsichten in das Monetarwesen des Frühkapitalismus gewinnen. So hat er sich in einer erhalten gebliebenen Denkschrift, dem sog. „Münzbedenken" [IX], ausdrücklich gegen einen Plan des (ernestinischen) Kurfürsten Johann ausgesprochen, den Silbergehalt der Münzen bei Beibehaltung des Nominalwertes zu senken. Die Verringerung des Edelmetallanteils werde das Vertrauen in die Währung vermindern. Der Reichtum des Landes (Sachsen) beruhe allein auf der Ware Silber und seiner guten Münze. Verschlechterung der Münzen aber führt zum Preisanstieg bei gleichbleibenden Löhnen, zur unerträglichen Belastung des Volkes durch Inflation. Mit dieser Schrift stellte sich Ries an die Seite seines eigentlichen Landesherren, aber nicht aus Untertanengeist, sondern aus sozialem Empfinden für die Folgen der Münzverschlechterung.

Ries drückt sich im „Münzbedenken" so aus:

… Vnnd ist woll zu beachten, das dieses Landt mitt keiner sonderlichen whar, dardurch die Handel vnd Berckwerck erhalten, denn allein auff guter müntze versehenn. … Was auch dem Landt für ein vntregliche bürde auffgelegett würde, dieweil allen gesinde, arbeiter vnnd hantwerger lohn steigen, auch sonst alles das Jenige so man von Bauern vnd sonsten an essen trincken kleidunge vnd ander notorfft habenn solle durch geringe müntz hoher muß bezalt werden, das sich aber der gemeine man nicht herwider zu erholen hatt … (Zitiert [57, S. 24])

Ausklang

Zu Lebzeiten noch hat Adam Ries Anerkennung und Wertschätzung von einigen seiner Fachgenossen erfahren. Als eine zeitgenössische Stimme soll hier zitiert werden aus der von Michael Stifel 1545 zum Druck gebrachten „Deutsche Arithmetica". Das aus drei großen Abschnitten bestehende Buch, das eine herausragende Stellung in der Entwicklungsgeschichte der frühen Algebra einnimmt, behandelt im zweiten Teil die „Deutsche Coß"; dort findet sich unter dem Abschnitt „Kunstrechnung" ein spezieller Absatz

Von Adams Risen exempeln.
SOLLicher Exempeln der Coß / wie ich yetzt oben hab gesetzt vnd gedichtet / wölt ich woll vil machen / mit kurtzweyl / aber sie möchten villeicht schwerer sein / den yenigen so da lernen wöllen / denn jnen dienen möchte. Auch möchten sie woll nicht so holdselig sein als die ich yetzt hernach setzen werde / nemlich Adams Risen exempla / welche er gehandelt hat nach der Falsi / vnd ich sie handeln werde nach meiner Deutschen Coß / wie ich oben hab angezeigt in der Vorred dises andern teyls. [11, S. 31]

Und in der Tat wählt Stifel als sein erstes Exempel ein von Ries benutztes Beispiel, jenes, „Gott grüß Euch", das auch hier in diesem Büchlein zitiert wurde. Der von Stifel gegebene Lösungsweg könnte als cossische, d. h. sehr wohl auf Gleichungsdenken beruhende, aber nicht die Gleichungsform benutzende Methode bezeichnet werden. Dabei verwendet Stifel, seinem Ziel einer „deutschen Coß" folgend, statt des cossischen Zeichens γ die Bezeichnung „sum:" und vermeidet damit „fremde Worte", d. i. Latinismen.

Das erst Exemplum.

Einer spricht zu etlichen Gesellen / Got grüsse euch alle dreissig. Antwortet jr einer Wenn vnser noch souil / vnd halb souil weren / so weren vnser 30. Wieuil sind jrer?
Es ist jhrer gewesen 1 sum: Noch souil / macht aber 1 sum: vnnd halb souil macht $\frac{1}{2}$ sum: Sollichs alles zusamen macht $\frac{5}{2}$ sum: die sind souil als

30 (wie die auffgab anzeigt) so machen nu 5 sum: souil als 60. Darumb ist 1 sum: gerechnet auff 12 Gesellen. Das magstu probiren. [11, S. 31]

Während dieses Beispiel für sich selbst spricht, muß man die erste Passage interpretieren: Stifel schätzt Ries als Erfinder und Gestalter besonders schöner und interessanter Aufgaben. Er, Stifel, aber werde diese Aufgaben nicht nach Riesscher Art mit der Regula falsi behandeln, sondern mit den Methoden der Coß: Offenbar hat Stifel keine Kenntnis vom Cossisten Ries gehabt und konnte dies wohl auch nicht haben, da Ries seine „Coß" nicht zum Druck hat bringen können.

Und so schließt sich der Kreis: Ries hat von seinem Zeitgenossen Grammateus sowohl als Rechenmeister als auch als Cossist entscheidende Anregungen erfahren, und er hat beide Arbeitsrichtungen in glänzender Weise fortgeführt. Als Cossist aber mußte Ries seinen Zeitgenossen unbekannt bleiben; sie vermochten in ihm nur den herausragenden Rechenmeister zu erkennen.

Adam Ries ist im Gedächtnis des Volkes geblieben. Er fühlte sich dem einfachen Menschen verbunden, obgleich ihn Beruf und Ämter in enge Berührung zu den Mächtigen jener Zeit brachten. Seine Leistung als Rechenmeister und als Verfasser weitverbreiteter methodisch geschickter Rechenbücher ebnete den modernen Rechenmethoden mit den indisch-arabischen Ziffern den Weg und trug die Rechenkunst ins Volk. Dieser Ruhm überstrahlt seine Verdienste als Cossist, die ihn in die erste Reihe der Wegbereiter der Algebra stellen.

33 Briefmarke der Deutschen Bundespost (1959), die Adam Ries ehrt. Gestaltet nach dem Titelholzschnitt des großen Rechenbuches von Adam Ries von 1550

Einer seiner Söhne, Abraham, damals Schüler an der berühmten Fürstenschule Schulpforta, hat im „Großen Rechenbuch", der „Praktika" aus dem Jahre 1550, des Vaters mit einem Gedicht gedacht. In deutscher Übersetzung (B. Berlet [23, S. 7]) finden sich dort die Verse:

In des Menschen Verstand hat Gott, der Schöpfer der Dinge,
Schon im Anfang gelegt Sinn und Begriff für die Zahl;
Damit Ordnung käm' in alle Zweige des Lebens,
Daß dadurch die Welt Regel habe und Maß.
Denn in endloses Wirrsal würde Alles begraben,
Wär' nicht die Ordnung der Zahl, gäb' es kein festes Gesetz.
Sterbliche schweben, wie Plato gesagt, auf doppelten Schwingen,
Die die Rechenkunst beut, auf zu des Himmels Gestirn.
Gott, der Unendliche, legt' in die Zahl den Keim der Erkenntnis
Für sein Wesen und Sein, Lichter strahlend der Kunst.
Der mich erzeugt, er dient dieser Kunst, er hat sie gefördert,
Niedergelegt in dies Buch hat er die Frucht manches Jahrs.
Lerne das Rechnen, o Knab', der du den Künsten nachstrebest,
Meines Vaters Werk sei dir teuer und werth.
Dir zu Nutz' und dir zum Gebrauch hat er es geschrieben,
Öffnen wollt' er damit die Thore der Kunst.
Segnet der Herr das begonnene Werk, dann wird auch mein Vater
Höheres bieten dir einst, Besseres bringet er dir.

Chronologie

1492 Adam Ries in Staffelstein bei Bamberg (Mainfranken) geboren.

1501 Die „Neustadt am Schreckenberg", seit 1497 mit Stadtrecht, erhält den Namen St. Annaberg.

1502 Kurfürst Friedrich der Weise (ernestinische Linie) gründet die Universität Wittenberg.

1509 Aufenthalt von Adam Ries in Zwickau, beim Bruder Conrad Ries.

1509 Annaberger Bergordnung von Herzog Georg von Sachsen (albertinische Linie) erlassen.

1515 Adam Ries möglicherweise erstmals in Annaberg.

1517 Der Wittenberger Professor Martin Luther leitet mit 95 Thesen gegen den Mißbrauch des Ablaßhandels die Reformation ein.

1517 Kurzaufenthalt von Adam Ries in Staffelstein.

1518 bis 1522/23 Adam Ries in Erfurt. Vermutlich 1522 gründet Ries in Erfurt eine Rechenschule.
Zwischen 1518 und 1522 verfaßt Adam Ries das Manuskript „Beschickung des Tiegels ..."

1518 Adam Ries vollendet die Niederschrift seines ersten Rechenbuches „Rechnung auff der linihen ...".

1522 Die erste Auflage des zweiten Rechenbuches „Rechenung auff der linihen// vnd federn ...", des erfolgreichsten Rechenbuches, erscheint in Erfurt.

1522/23 Adam Ries siedelt nach Annaberg über.

1524 Ries wird als Rezeßschreiber im Bergamt Annaberg erwähnt.
Adam Ries vollendet die Niederschrift seiner (ersten) „Coß".

1525 Im Bauernkrieg erleiden die Aufständischen bei Frankenhausen eine vernichtende Niederlage. Hinrichtung Thomas Müntzers.
Adam Ries heiratet, erwirbt ein Haus und wird Bürger der Stadt Annaberg.

1527 bis 1536 ist Ries als Rezeßschreiber in Marienberg tätig.

1532 Ries wird Gegenschreiber in Annaberg.

1533 bis 1539 ist Ries Zehntner im Bergamt Geyer.

1533 Ries arbeitet die Brotordnung von Annaberg aus; sie wird 1536 in Leipzig gedruckt.

1539 Ries erwirbt ein Vorwerk bei Wiesa, das später „Riesenburg" genannt wird. Adam Ries wird zum Kurfürstlich-Sächsischen Hofarithmeticus ernannt.
Tod Herzog Georgs. Annaberg wird evangelisch unter Herzog Heinrich.

1541 Regierungsbeginn von Herzog Moritz, der 1547 Kurfürst wird.

1550 Das dritte Rechenbuch von Ries, „Rechenung nach der lenge auff den Linihen und Feder / Darzu forteil und behendigkeit durch die Proportiones, Practica genannt, ...", erscheint in Leipzig im Druck.

1559 Adam Ries stirbt in Annaberg.

Literatur

A. Ungedruckte Quellen (nach F. Deubner [35, S. 35–39])

[I] Die „Coß". 534 Seiten. Erzgebirgsmuseum Annaberg-Buchholz. Eigenhändig Adam Ries.

[II] „Rechnung der Coss die durch erforschung der Vnitet geschieht, durch Adam Riesen beschrieben, seinen Sonen vnd andern dieser Kunst zum besten." 118 Blatt.
Sächsische Landesbibliothek Mscr. Dresd. C 467. Abschrift, verschiedene Handschriften, gestützt auf die spätere, zweite „Coß" in [I].

[III] „Rechnung der Coss die durch erforschung der Vnitet geschieht, durch Adam Riesen beschrieben, seinen Sonen vnd andern dieser Kunst zum bestenn." 353 Blatt. Sächsische Landesbibliothek Dresden Mscr. Dresd. C 461.
Eine erweiterte Abschrift der zweiten späteren „Coß" von Adam Ries vermutlich durch Adams Sohn Jacob. Mit Bemerkungen, vermutlich von Abraham Ries, einem der anderen Söhne.

[IV] „In diesem büchlein seind die Acht vorgleichung Algebre von Adam Riesen den aldern erclerdt Durch den ersten Tractat des buchs Datorum Jordani, so biess her vielen verborgen." 32 Blatt. Sächsische Landesbibliothek Dresden Mscr. Dresd. C 375. Ebenfalls gestützt auf die spätere „Coß" von Adam Ries in [I].

[V] „Beschickung des Tiegels sambt Bericht durch Adam Riesen von Staffelstein gestellet Ao. In Neunerley theyl unterschiedlichen nach einander gesetzt." Blatt 143–197 der Sammelhandschrift Mscr. Dresd. R 284. Sächsische Landesbibliothek Dresden. Abschrift von unbekannter Hand.

[VI] (Bergrechnung 1554) „Berckrechnung, Wie die in Augusti Churfürsten Bercksteden Anno 54ten vnd tzuurn gehalten …" Blatt 1–16 der Sammelhandschrift Mscr. Dresd. K 349. Sächsische Landesbibliothek Dresden. Eigenhändig Adam Ries.

[VII] (Münzrechnung) „Adam Riesen des Eldern bericht, belangende Leupolts Holtzschuchers vbergebene Müntzrechnunge, Dreßden im Jar 1557." 8 Seiten in Sammelhandschrift Mscr. Dresd. K 294. Sächsische Landesbibliothek Dresden. Seite 1 bis 4 inhaltlich auf Ries zurückgehend, nicht eigenhändig.

[VIII] Zehntrechnungen, eigenhändig von Adam Ries, als Zehntner in Geier: Thüringisches Landeshauptarchiv Weimar, Signaturen Reg. T 762, Reg. T 773. Bayrisches Staatsarchiv Coburg Sign. F 8094. – Ferner im Thüringischen Landeshauptarchiv Weimar, Reg. T 798 –

800 kurzer eigenhändiger Bericht des Zehntners Ries über das Bergwerk in Geier.

[IX] (Münzbedenken) „Adam Riesens des eltern bedencken so man mit vermüntzung des Sielber fallen würde." 6 Blätter, Sammelband Loc 32382. Rep. XXIV. No. 63. Landeshauptarchiv Dresden. Abschrift von fremder Hand.

[X] (Visier-Rechnung) „Büchlein nachm Triangel zu visieren, durch Adam Riesenn." Blatt 69v–71r der Sammelhandschrift Mscr. Dresd. C 9. Sächsische Landesbibliothek Dresden.

[XI] (Zwickauer Brotordnung). Zwei Brotordnungen, eigenhändig Adam Ries, für die Jahre 1539 und 1553. Sign. VB 2, Nr. 4. Stadtarchiv Zwickau.

[XII] (Leipziger Brotordnung) Im Aktensammelband Sign. „Tit LXIV 15 Vol" eine Leipziger Brotordnung von Adam Ries, „Proba des Malens vnd backens in Leipzick post Mathei Im 1557". 16 Seiten. Abschrift, Stadtarchiv Leipzig.

B. Zitierte und benutzte Literatur. Weiterführende Literatur (Auswahl)

[1] Widmann, Johannes: Behennd vnd hüpsch Rechnung vff allen Kauffmannschaften. Leipzig 1489.

[2] Köbel, Jacob: Ain new geordnet Rechenbiechlin auf den linien mit Rechenpfenigen ... Augsburg 1514.

[3] Köbel, Jakob: Mit der Krydẽ od' Schreibfedern / durch die zeiferzal zu rechnẽ. Oppenheim 1520.

[4] (Schreiber, Heinrich, gen. Grammateus) Ayn new kunstlich Buech welches gar gewiß vnd behend lernet nach der gemainen regel Detre ... Nürnberg 1521.

[5] (Schreiber, Heinrich, gen. Grammateus) Eyn kurtz newe Rechenn vund Visyr buechleyn gemacht durch Heinricum Schreyber võ Erffurdt der Sieben freyen kunsten meyster. ... Erffurdt 1523.

[6] (Rudolff, Christoff) Behend vund Hübsch Rechnung durch die kunstreichen regeln Algebre / so gemeinicklich die Coß genẽt werden. ... Zusamen bracht durch Christoffen Rudolff vom Jawer. Wien 1525.

[7] Rudolff, Christoph: Künstliche rechnung mit der ziffer. Wien 1526.

[8] Apian, Peter: Eyn Newe vund wolgegründte vnderweysung aller Kaufmanß-Rechnung. Igolstadt 1527.

[9] (Stifel, Michael) Die Coß Christoff Rudolffs. Mit schönen Exempeln der Coß durch Michael Stifel. Gebessert und sehr gemehrt. Zu Königsperg in Preussen 1533.

[10] Ries, Adam: Ein Gerechent Büchlein / auff den Schöffel / Eimer vnd Pfundtgewicht / zu ehren einem Erbarn / Weisen Rathe auff Sanct Annenbergk. Leiptzick 1536.

[11] Stifel, M.: Deutsche Arithmetica. Nürnberg 1545.

107

[12] (Stifel, Michael) Rechenbuch von der Welschen und Deutschen Practick / auff allerley vorteyl vund behendigkeit / ... Durch H. Michel Stifel newlich gefertiget ... Nürnberg / Anno 1546.

[13] (Ries, A.:) Rechenung nach der lenge / auff den linihen vnd Feder. Dazu forteil vnd behendigkeit durch die Proportiones / Practica genant / Mit grüntlichem vnterricht des visierens. Durch Adam Riesen im 1550. Jar.

[14] Rudolff, Christoff: Künstliche rechnung mit der Ziffer vnd mit den zal pfennigen / ... Wien 1550.

[15] (Ries, A.:) Rechnung auff der Linien vnd Federn / auff allerley Handtierung / gemacht durch Adam Risen Auffs newe durchlesen / vnd zurecht bracht M. D. LXXIX. Leipzig 1579.

[16] Ries, Isaac: Gerechnetes Rechenbuch 1580. Leipzig 1580.

[17] (Ries, A.:) Rechenbuch, auff Linien und Ziphenn, in allerley Handthierung, Geschäfften und Kauffmannschafft ... Franckfurt 1581.

[18] (Ries, A.:) Rechenung nach der lenge / auff den Linien vnd Feder. Darzu Fortheil vund behendigkeit durch die Proportiones, Practica genant / Mit gründlichem vnterricht des visierens. Durch Adam Riesen. Wittenberg 1611.

[19] Berlet, B: Die Coß vom Adam Riese. Programm der Progymnasial- und Realschulanstalt zu Annaberg 1860.

[20] Treutlein, P.: Die deutsche Coss. In: Zeitschrift für Mathematik und Physik. Supplement zur hist.-lit. Abteilung 24. Leipzig 1879.

[21] Günther, S.: Geschichte des mathematischen Unterrichts im Mittelalter bis zum Jahre 1525. Berlin 1887.

[22] Wappler, E.: Zur Geschichte der deutschen Algebra im 15. Jahrhundert. Preisschrift des Gymnasiums Zwickau. Zwickau 1887.

[23] Berlet, B.: Adam Riese, sein Leben, seine Rechenbücher und seine Art zu rechnen. Die Coß von Adam Riese. Leipzig / Frankfurt a. M. 1892.

[24] Müller, Chr. Fr.: Henricus Grammateus und sein Algorismus de integris. Programmschrift Zwickau. Zwickau 1896.

[25] Grosse, H.: Historische Rechenbücher des 16. und 17. Jahrhunderts und die Entwicklung ihrer Grundgedanken bis zur Neuzeit. Leipzig 1901.

[26] Fischer, W./Resch, F.: Zum 450. Geburtstag Agricola's, des „Vaters der Mineralogie" und Pioniers des Berg- und Hüttenwesens. Stuttgart 1944.

[27] Juškevič, A. P.: Arifmetičeskij traktat Muhammeda ben Musa Al-Chorezmi. In: Akad. nauk, Trudy inst. istorii estestvoznanija i techniki, 1954, tom 1, S. 85–127.

[28] Practica des Algorismus Ratisbonensis. Ed. K. Vogel. In: Schriftenreihe zur bayrischen Landesgeschichte. Bd. 50. München 1954.

[29] Kaunzner, W.: Das Rechenbuch des Johannes Widmann von Eger. Seine Quellen und seine Auswirkungen. Diss. München 1954.

[30] Menninger, K.: Zahlwort und Ziffer. Eine Kulturgeschichte der Zahl. 2. neubearbeitete und erweiterte Auflage. Göttingen 1958.

[31] Deubner, F.: ... Nach Adam Ries. Leben und Wirken des großen Rechenmeisters. Leipzig/Jena 1959.

[32] Roch, W.: Adam Riesens Rechenbücher. In: Zeitschrift für Bibliothekswesen und Bibliographie 6 (1959) S. 104–113.

[33] Roch, W.: Adam Ries. Des deutschen Volkes Rechenlehrer. Sein Leben, sein Werk und seine Bedeutung. Frankfurt/Main 1959.

[34] Vogel, K.: Adam Riese, der deutsche Rechenmeister. In: Deutsches Museum, Abhandlungen und Berichte. 27 (1959) H. 3, S. 3–37.

[35] Deubner, F.: Adam Ries, der Rechenmeister des deutschen Volkes. In: NTM, 1. Jg. (o. J.) Heft 3, S. 11–44 (1960).

[36] Reiner, K.: Die Terminologie der ältesten mathematischen Werke in deutscher Sprache nach den Beständen der Bayrischen Staatsbibliothek. Inaugural-Dissertation (München) 1960.

[37] Roch, W.: Die Kinder des Rechenmeisters Adam Ries. Staffelstein 1960.

[38] Wußing, H.: Zum Charakter der euopäischen Mathematik in der Periode der Herausbildung frühkapitalistischer Verhältnisse (15. u. 16. Jh.). In: Mathematik, Physik, Astronomie in der Schule 8 (1961) S. 519–532, S. 585–593.

[39] Hofmann, J. E.: Geschichte der Mathematik, Bd. 1, 2. Aufl. Berlin 1963.

[40] Mohammed ibn Musa Alchwarizmi's Algorismus. Das früheste Lehrbuch zum Rechnen mit indischen Ziffern. Ed. Kurt Vogel. Aalen 1963.

[41] Marx, K./Engels, F.: Werke, Bd. 37. Berlin 1967.

[42] Gericke, H.: Miszellen aus der Geschichte der Algebra. In: Rechenpfennige. Aufsätze zur Wissenschaftsgeschichte. München 1968. S. 7–29.

[43] Kaunzner, W.: Über das Eindringen algebraischer Kenntnisse nach Deutschland. In: Rechenpfennige. Aufsätze zur Wissenschaftsgeschichte. München 1968. S. 91–122.

[44] Kaunzner, W.: Über Johannes Widmann von Eger. Ein Beitrag zur Geschichte der Rechenkunst im ausgehenden Mittelalter. (Veröffentlichungen des Deutschen Museums München. Reihe C. 7) München 1968.

[45] Kaunzner, W.: Über Johannes Widmann von Eger. Veröffentlichungen des Forschungsinstitutes des Deutschen Museums für die Geschichte der Naturwissenschaften und der Technik, Reihe C. 4. München 1968.

[46] Kaunzner, W.: Über Johannes Widmann von Eger. Regensburg 1968.

[47] Deubner, H.: Adam Ries und die Neunerprobe – Eine historische Studie. In: Mathematik in der Schule. 8 (1970) 7, S. 481–492.

[48] Kaunzner, W.: Über Christoff Rudolff und seine Coss. Veröffentlichungen des Forschungsinstitutes des Deutschen Museums für die Geschichte der Naturwissenschaften und der Technik. Reihe A. Kleine Mitteilungen. Nr. 67. 1970.

[49] Deubner, H.: Adam Ries – Rechenmeister des deutschen Volkes. In: NTM-Schriftenreihe, 7.Jg. (1970) H.1, S.1–22, H.2, S.98–114, 8.Jg. (1971) H.1, S.58–69.

[50] Kaunzner, W.: Über die Algebra bei Heinrich Schreyber. Veröffentlichungen des Forschungsinstitutes des Deutschen Museums für die Geschichte der Naturwissenschaften und der Technik. Reihe A. Kleine Mitteilungen. Nr.82. 1971.

[51] Kaunzner, W.: Deutsche Mathematiker des 15. und 16.Jahrhunderts und ihre Symbolik. Veröffentlichungen des Forschungsinstitutes des Deutschen Museums für die Geschichte der Naturwissenschaften und der Technik. Reihe A. Kleine Mitteilungen. Nr.90, 1971.

[52] Kaunzner, W.: Über einige algebraische Abschnitte aus der Wiener Handschrift Nr.5277. Österreichische Akademie der Wissenschaften. Mathematisch-naturwissenschaftliche Klasse. Denkschriften, 116.Band, 4. Abhandlung. Wien 1972.

[53] Kaunzner, W.: Beiträge zur mathematischen Literatur des 13. bis 16. Jahrhunderts. In: Sudhoffs Archiv 57 (1973) 3, S.315–328.

[54] Laube, A.: Studien über den erzgebirgischen Silberbergbau von 1470 bis 1546. Berlin 1974.

[55] Biographien bedeutender Mathematiker. Ed. H.Wußing, W.Arnold. Berlin 1975 (4. Aufl. 1989).

[56] Schellhas, W.: Der Rechenmeister Adam Ries (1492 bis 1559) und der Bergbau. In: NTM-Schriftenreihe, 12 (1975) 2, S.14–37.

[57] Schellhas, W.: Der Rechenmeister Adam Ries (1492 bis 1559) und der Bergbau. Veröffentlichungen des Wissenschaftlichen Informationszentrums der Bergakademie Freiberg (o.J.) 74/1 bis 74/3.

[58] Adam Ries: Silber und Kupffer so auff dem Geyer gemacht vom Sannabent am abentt Paste, bis auff Sonnabent des tages Mathei im 38.Jhar. – Städtische Bücherei der Stadt Freiberg. Sign. Ab 54². Reproduziert und transliteriert in [57].

[59] Vogel, K.: Beiträge zur Geschichte der Arithmetik. München 1978.

[60] Tropfke, J.: Geschichte der Elementarmathematik. 7 Bde. Bd. 1. 4. Aufl. Berlin, New York 1980, Bd. 2–4, 3. Aufl. Berlin 1930/40, Bd.5–7, 2.Aufl. Berlin 1921–24.

[61] Das Bamberger Blockbuch. Herausgegeben und erläutert von Kurt Vogel. München/New York/London/Paris 1980.

[62] Kaunzner, W.: Über Regiomontanus als Mathematiker. In: Regiomontanus – Studien. Ed. G.Hamann. Wien 1980. S.125–145.

[63] Folkerts, M.: Die mathematischen Studien Regiomontans in seiner Wiener Zeit. In: Regiomontanus-Studien. Ed. G. Hamann. Wien 1980. S.175–209.

[64] Uiblein, P.: Die Wiener Universität, ihre Magister und Studenten zur Zeit Regiomontans. In: Regiomontanus-Studien. Ed. G. Hamann. Wien 1980. S.395–432.

[65] Hamann, G.: Regiomontanus in Wien. In: Regiomontanus-Studien. Ed. G.Hamann. Wien 1980. S.53–74.

[66] Folkerts, M.: Zur Frühgeschichte der magischen Quadrate in Westeu-

ropa. Veröffentlichungen des Forschungsinstitutes des Deutschen Museums für die Geschichte der Naturwissenschaften und der Technik. Reihe A. Nr. 235. München 1981.

[67] Die erste deutsche Algebra aus dem Jahre 1481. Nach einer Handschrift C 80 Dresdensis herausgegeben und erläutert von Kurt Vogel. Bayrische Akademie der Wissenschaften. Mathematisch-naturwissenschaftliche Klasse. Abhandlungen. Neue Folge, Heft 160. München 1981.

[68] Rider, R. E.: A Bibliography of Early Modern Algebra. 1500–1800. University of California, Berkeley 1982.

[69] Arnold, W.: Adam Ries (1492 bis 1559). In: Biographien bedeutender Mathematiker. 3. Auflage. Berlin 1983. S. 105–112.

[70] Sanders, I.: Hans Hesse. Ein Maler der Spätgotik in Sachsen. Dresden 1983.

[71] Adam Ries und seine Zeit. Wissenschaftliches Symposion am 31. März 1984 in Annaberg-Buchholz. Ed. A. Vogt. Berlin 1984.

[72] Jähnig, G.: Auf den Spuren des Rechenmeisters Adam Ries. In: Mathematik in der Schule. H. 2/3 1984. S. 91.

[73] Vogel, K.: Wie wurden al-Hwārizmīs mathematische Schriften in Deutschland bekannt? In: Sudhoffs Archiv 68 (1984) 2, S. 230–234.

[74] Franci, R./Rigatelli, L. T.: Towards a History of Algebra from Leonardo of Pisa to Luca Pacioli. In: Janus, LXXII, 1–3 (1985), p. 17–82.

[75] Kaunzner, W.: Über eine frühe lateinische Bearbeitung der Algebra al-Khwārizmīs in MS Lyell 52 der Bodleian Library Oxford. In: Archive for History of Exact Sciences, 32 (1985) 1, p. 1–16.

[76] Wußing, H.: Adam Ries – Rechenmeister und Cossist. In: Sächsische Heimatblätter, Heft 1, 1985, S. 1–4.

[77] Jentsch, W.: Michael Stifel – Mathematiker und Mitstreiter Luthers. In: NTM-Schriftenreihe 23 (1986) 1, S. 11–34.

[78] Wußing, H.: Adam Ries – Rechenmeister und Cossist. In: Österreichische Akademie der Wissenschaften. Sitzungsberichte, Abt. II, Mathematische, Physikalische und Technische Wissenschaften. Bd. 195, Heft 1–3 (1986) S. 195–211.

[79] Kaunzner, W.: Über Charakteristika in der mittelalterlichen abendländischen Mathematik. In: Mathematische Semesterberichte. Bd. XXXIV/1987, Heft 2, S. 143–186.

[80] Kaunzner, W.: On the Transmission of Mathematical Knowledge to Europe. In: Sudhoffs Archiv 71 (1987) 2, S. 129–140.

[81] Beyrich, H.: Das „Gerechent Büchlein" des Rechenmeisters Adam Ries (1492 bis 1559). In: alpha, 22 (1988) 2, S. 26–27.

[82] Wagner, U.: Das Bamberger Rechenbuch von 1483. Mit einem Nachwort von E. Schröder. Berlin 1988.

[83] Vogel, K.: Kleinere Schriften zur Geschichte der Mathematik. Ed. M. Folkerts. Stuttgart 1988.

Personenregister

Abraham (13. Jh.)   53

Agricola, Georg (1494–1555)   9, 15

Albertus Magnus (1208?–1280)   34

Albrecht von Sachsen (der Beherzte) (1443–1500)   21

al-Chwarizmi, Muhammed ibn Musa (780?–850?)   31, 32, 40, 41, 42, 44, 49, 50, 51, 52, 53, 67, 85

Alexander, Andreas (Anfang 16. Jh.)   52, 55, 56, 82, 89, 91 94

Alexander von Makedonien, der Große (356–323 v. u. Z.)   91

Apollonios von Perge (262?–190? v. u. Z.)   34

Aquinas (15. Jh.)   56

Archimedes von Syrakus (287?–212 v. u. Z.)   34, 82

Augustinus (354–430)   62

Bacon, Roger (1214?–1294)   34

Barrême, François Bertrand de (1640?–1703)   9

Berlet, Bruno (1825–1892)   5, 11, 12, 80, 85, 104

Bernecker, Hans (Anfang 16. Jh.)   52, 55, 56, 89

Boethius (bei Ries: Bohecium oder Bohetius) (480?–524)   39, 82, 91

Böschenstein, Johannes (1472–1540)   44

Bradwardine, Thomas (vor 1290–1349)   34

Brunnen, Lucas (17. Jh.)   81

Cardano, Geronimo (1501–1576)   52, 91, 92, 93

Columbus, Christoph (1451–1506)   7

Conrad, Hans (Anfang 16. Jh.)   14, 52, 54, 55, 56, 89

Copernicus, Nicolaus (1473–1543)   8

Czok, Karl (geb. 1926)   10

Deubner, Fritz (1873–1960)   5, 11, 57, 62, 106

Deubner, Hildegard (1891–1972)   5, 11, 57, 67, 68

Dürer, Albrecht (1471–1528)   8, 47

Engels, Friedrich (1820–1895)   98

Eobanus Hessus (1488–1540)   16

Erasmus von Rotterdam (1469–1536)   16

Ernst, Kurfürst von Sachsen (1441–1486)   21

Euklid von Alexandria (365?–300? v. u. Z.)   34, 54

Ferrari, Ludovici (1522–1565)   93

Folkerts, Menso (geb. 1943)   9

Franci, Raffaela (geb. 1940)   35

Fridericus Gerhart (gest. 1464/65)   43, 44, 46

Friedrich III., Kurfürst von Sachsen (der Weise) (1463–1525)   21, 22, 105

Friedrich II., Kurfürst von Sachsen (der Sanftmütige) (1412–1464)   21

Georg, Herzog von Sachsen (der Bärtige) (1471–1539)   22, 23, 25, 26, 27, 100, 101, 105

Gerbert von Aurillac (940?–1003)   31, 32

Grammateus, siehe Schreiber
Gutenberg, Johannes
  (1400?–1468) 45

Háns von Elterlein
  (1510–1551) 20
Häsel, Theodosios (16./17.Jh.) 81
Heinrich von Elterlein
  (1485–1539) 19
Heinrich von Sachsen (der
  Fromme) (1473–1541) 26, 105
Heller, Josef (19. Jh.) 12
Helm, Erhard (um 1550) 58, 62, 64
Hesse, Hans (ca. 1470–nach
  1539) 25
Huswirth, Johann (um 1500) 44

Isidor von Sevilla (570–636) 63

Johann, Kurfürst von Sachsen (der
  Beständige) (1468–1532) 22,
  101
Johann Friedrich, Kurfürst von
  Sachsen (der Großmütige)
  (1503–1554) 26
Johannes Campanus von Novara
  (um 1260) 34, 91
Johannis de Muris
  (1290?–1360?) 91
Jordanus Nemorarius (um
  1260?) 53, 83

Karl V., deutscher Kaiser
  (1500–1558) 26, 61
Kaunzner, Wolfgang (geb.
  1928) 9, 46, 48, 49, 53, 56
Köbel, Jacob (1470–1533) 40, 52,
  53, 56
Kolberger, N. (Anfang 16.Jh.) 89
Kupffer, Martin (2.Drittel
  17.Jh.) 81, 82, 83, 94

Laube, Adolf (geb. 1934) 97
Leonardo Fibonacci von Pisa
  (1180?–1250?) 34, 43, 67
Leonardo da Vinci (1452–1519) 8
Lorenz, Wolfgang (geb.1931) 29

Luther, Martin (1483–1546) 16,
  22, 25, 105

Manteuffel, Karl (geb. 1924) 10
Maximilian I., deutscher Kaiser
  (1459–1519) 23
Meiner, Thomas (1545 Ratsherr in
  Annaberg) 14
Melanchthon, Philipp
  (1497–1560) 16, 22
Moritz, Kurfürst von Sachsen
  (1521–1553) 26, 28, 105
Müller, Hella (geb.1945) 9
Müntzer, Thomas
  (1490?–1525) 22, 105

Nicklaus, Jörg (geb.1955) 9

Oresme, Nicolaus
  (1323?–1382) 34
Otto, Bartholomäus (geb. um
  1529) 15

Paracelsus (1493–1541) 8
Petrus Mosellanus (eigtl. Peter
  Schade) (1493–1524) 22
Peutinger, Konrad
  (1465–1547) 16
Philipp, Landgraf von Hessen
  (1504–1567) 22
Pirckheimer, Willibald
  (1470–1530) 16
Plato (427–347? v.u.Z.) 63
Ptolemaios (85?–165?) 34
Pythagoras von Samos (580?–500?
  v.u.Z.) 39, 62

Regiomontanus, Johannes
  (1436–1476) 44, 45, 56
Reuchlin, Johannes
  (1455–1522) 16
Ries, Abraham (Sohn)
  (1533?–1604) 29, 80, 81, 91,
  96, 104
Ries, Adam, der Jüngere
  (Sohn) 12, 29, 91
Ries, Anna, geb. Lewber (oder
  Leuber) (Ehefrau) 19, 29

Ries, Anna (Tochter) 29
Ries, Conntz (Vater)
  (gest.1506?) 11, 12
Ries, Conrad (Bruder) (gest. vor
  1517) 12, 14, 105
Ries, Eva (Tochter) 29
Ries, Eva, geb.Kittler (oder Kittle)
  (Mutter) 12
Ries, Isaac (Sohn)
  (1537–1601) 29, 91
Ries, Jacob (Sohn) (?–1604) 29,
  91, 96
Ries, Karl (Enkel) (17.Jh.) 60, 80
Ries, Paul (Sohn) (1536 oder
  1538–1604) 29, 91
Ries, Sibylla (Tochter) 29
Robert Grosseteste
  (1175–1253) 34
Robert von Chester (um
  1150) 42, 50, 53
Roch, Willy (1893–1977) 5, 11
Rochhaus, Peter (geb. 1958) 9
Rudolff, Christoph (Christoff)
  (1500?–1545?) 44, 52, 54, 91,
  92, 94

Schellhas, Walter (geb. 1897) 5,
  11, 97, 99
Schreiber (oder Schreyber), Heinrich (1492?–1525/26) 52, 53,
  54, 56, 103
Schreiter (19.Jh.) 80
Stifel, Michael (1487–1567) 52,
  91, 92, 93, 94, 102, 103

Stortz, Andreas (gest. 1520) 15
Stortz (auch Sturtz oder Sturz),
  Georg (1490–1548) 15, 16, 17,
  18, 19, 49, 50, 52, 53, 54, 56, 82,
  89
Sylvester II., Papst, siehe Gerbert
  von Aurillac

Tartaglia, Niccolò
  (1500?–1557) 93
Toti Rigatelli, Laura (geb.
  1941) 35

Ulrich Rülein von Calw
  (gest.1523?) 23
Ulrich von Hutten
  (1488–1523) 16
Uthmann, Barbara
  (1514–1575) 19, 20

Vesalius, Andreas (1514–1564) 8
Vieta, François (1540–1603) 42
Vogel, Kurt (1888–1985) 5, 44,
  45, 50, 53, 56

Wächtler, Eberhard
  (geb.1929) 10
Wagner, Ulrich (um 1480
  lebend) 44
Widman(n), Johannes (geb.
  ca.1460) 40, 44, 46, 47, 48, 49,
  50, 52, 53, 56, 89
Wilhelm von Moerbeke
  (1215?–1286) 34

Adam-Ries-Jubiläumsedition 1992

Anläßlich des 500. Geburtstages des berühmten Rechenmeisters Adam Ries (1492–1559) erscheinen 1992 als Faksimiledruck unter dem Titel ,,Coß" zwei von Adam Ries
handschriftlich verfaßte Schriften, mit denen er zum
Wegbereiter der Algebra in Deutschland wurde. Dieses
Manuskript wurde bisher noch nie veröffentlicht. Dazu
erscheint ein Kommentarband, der über Leben und
Schriften von Adam Ries sowie über die Frühgeschichte
der Rechenkunst informiert und Texterläuterungen,
Transliteration, Literaturhinweise und Fotos enthält.

Adam Ries, Coß

Faksimiledruck. Etwa 534 Seiten

Kommentarband

verfaßt von Wolfgang Kaunzner, Regensburg,
und Hans Wußing, Leipzig

Etwa 120 Seiten mit etwa 70 Abbildungen
Im Schuber zusammen etwa 250,– M
ISBN 3-322-00766-9
666 594 8 / Ries, Coss

Vertriebsrechte für das gesamte nichtsozialistische
Wirtschaftsgebiet bei Birkhäuser Verlag, Basel

BSB B. G. Teubner Verlagsgesellschaft, Leipzig

Wir empfehlen weiter aus dieser Reihe:

Dr. sc. Peter Schreiber, Greifswald,
unter Mitwirkung von Dr. sc. Sonja Brentjes, Leipzig

Euklid

159 Seiten mit 31 Abbildungen. (Band 87)
Kartoniert DDR 7,50 M; Ausland 8,60 DM

Inhalt:

Griechische Mathematik vor Euklid

Alexandria, das Museion, Euklid

Die Elemente

Die weiteren Werke Euklids

Die Pflege der euklidischen Tradition bis zum
Ausgang der Antike und im byzantinischen Reich

Euklid in der islamischen Welt
und anderen östlichen Kulturen im Mittelalter

Euklidrezeption in Europa bis zur Entdeckung
und Anerkennung nichteuklidischer Geometrien

Die Vollendung der euklidischen Geometrie
durch Pasch und Hilbert

Schlußbemerkungen

BSB B. G. Teubner Verlagsgesellschaft, Leipzig